AF312201

REVUE CRITIQUE

DU

GENRE OLIVA

DE BRUGUIÈRES.

REVUE CRITIQUE

DU

GENRE OLIVA

DE BRUGUIÈRES,

PAR

A.-M.-P. DUCROS DE S^T-GERMAIN.

CLERMONT.

IMPRIMERIE DE FERDINAND THIBAUD, LIBRAIRE,

Rue Saint-Genès, 10.

1857.

A M. Henri LECOQ,

Chevalier de la Légion-d'Honneur, Professeur d'Histoire naturelle à la Faculté des Sciences de Clermont.

Témoignage d'une haute estime, d'une sincère reconnaissance et d'un profond attachement.

DUCROS DE St-GERMAIN.

GENRE OLIVA

DE BRUGUIÈRES.

INTRODUCTION.

I.

Le genre *Oliva* de Bruguières est l'un des plus beaux, des plus variés et des plus difficiles de la grande classe des Mollusques, et il est aussi l'un des moins connus.

A une époque où presque toutes les parties de l'histoire naturelle ont été l'objet d'études spéciales nombreuses, on est étonné du peu de livres qui traitent de ce genre si intéressant, et l'on ne peut attribuer ce délaissement qu'à la difficulté même du sujet, à l'insuffisance des collections et à la complication rebutante de la synonymie.

En effet, quoiqu'il y ait peu de traités sur le genre *Oliva*, et quoique presque tous soient accom-

pagnés de planches , les formes y sont si variables ,
si fugitives , les auteurs diffèrent tellement d'opinion entre eux , que les mêmes espèces, généralement mal connues , y ont reçu une multitude de
noms différents , et que les dénominations les plus
usitées, les plus anciennes , ne sont pas toujours
attribuées par tous les conchyliologistes aux mêmes
espèces.

Ayant à notre disposition l'une des plus belles et
des plus complètes collections qui aient été rassem-
blées , nous l'avons étudiée minutieusement, nous
en avons classé méthodiquement les nombreux individus , et nous en avons dressé , d'abord pour nous
seul et pour les besoins de la collection confiée à nos
soins , un catalogue méthodique , synonymique et critique. Quelques naturalistes ont pensé que la publication d'un travail fait à l'aide d'une collection aussi
remarquable , et qui renferme tous les types de Duclos , pourrait être utile à la science. Nous nous sommes empressé de satisfaire leur désir , et, en livrant
cet opuscule à l'appréciation des conchyliologistes ,
nous avons cru devoir le faire précéder d'un résumé
bibliographique et de l'exposition rapide du système
que nous avons adopté.

II.

L'histoire bibliographique du genre *Oliva* n'est
pas très-compliquée. Quelques lignes suffiront pour

initier le lecteur dans ce qu'elle offre de plus important.

Groupées pour la première fois et d'une manière presque irréprochable par l'illustre Piton de Tournefort dans l'ouvrage de Gualtieri *Index testarum conchyliorum*, en 1742, les Olives furent quelques temps après réunies aux Volutes par Linnœus, et ce qui est pire d'après les idées du temps, mais où perce déjà, chez ce grand naturaliste, l'idée féconde de la variabilité de l'espèce, il les considéra presque toutes comme simples variétés d'une même espèce qu'il décrivit et caractérisa sous le nom de *Voluta Oliva*.

Vers la même époque (1757), Adanson, qui le premier se servit de l'anatomie des mollusques pour l'établissement des coupes génériques, Adanson les sépara des Volutes ; mais, par une erreur presque égale à celle de Linnœus, ayant négligé l'étude de l'animal des *vraies Olives*, et entraîné par une vague ressemblance des coquilles, il les réunit à ses porcelaines, dénomination rejetée par les naturalistes et synonyme des *Marginella* de Lamarck.

Gmelin ajouta à la XIIIᵉ édition du *systema naturæ*, toujours sous le nom générique de *Voluta*, quelques nouvelles espèces à celles déjà connues, mais il introduisit une multitude d'erreurs dans la nomenclature.

Plus tard Bruguières, dans l'*Encyclopédie méthodique*, sépara enfin ce genre de toutes les espèces étrangères qui l'embarrassaient, et le caractérisa nettement sous le nom d'*Oliva,* adopté par presque tous les naturalistes modernes (1).

C'est au commencement de ce siècle (1810) que Lamarck, dans les *Annales du Museum* d'abord, et plus tard dans sa monumentale *Histoire naturelle des animaux sans vertèbres*, fit connaître un assez grand nombre d'*Oliva*, et mit les naturalistes sur la voie de découvertes nouvelles par ses descriptions exactes et par des idées philosophiques d'une immense portée. Il faut ici s'appesantir un peu sur l'influence qu'a exercée Lamarck.

A l'époque où écrivait ce grand penseur, les collections étaient d'une désespérante pauvreté, et l'opinion que les espèces sont éternelles, invariables, tellement enracinée, que les naturalistes ne s'occupaient des *variétés* et des *variations* qu'à titre de curiosités puériles, et qu'ils ne cherchaient à posséder que les plus belles ou les plus singulières. C'est sans doute à cette pauvreté des collections, à l'absence des *variétés intermédiaires* et au silence presque absolu de la géographie à cette époque, qu'il faut attribuer une grande partie des erreurs de Lamarck. On a perfectionné sa méthode et la nomenclature, on a ajouté des espèces nouvelles à celles qu'il avait

---

(1) MM. Swainson et Schumacher ont vainement tenté, dans ces derniers temps, de scinder les Olives. Leurs genres n'ont point été adoptés.

fait connaître, mais personne n'a possédé à un aussi haut degré que lui le génie de l'ensemble et la sagacité des détails.

Lamarck avait deviné le principe de la variabilité de la forme animée, à peine soupçonné avant lui; sa *philosophie zoologique* et l'immortelle préface de *l'histoire naturelle des animaux sans vertèbres* avait ouvert un nouveau champ à la pensée humaine; Etienne Geoffroy Saint-Hilaire, avec une force prodigieuse de raisonnement, avait formulé la *loi de l'unité de plan* et du *balancement des organes*, et du centre de la vieille Allemagne la poésie de Gœthe avait jeté un cri prophétique recueilli dans le monde entier.

La pensée des maîtres avait été comprise. Des disciples fervents, des admirateurs passionnés de ces hommes illustres ont continué religieusement leurs travaux. Les collections en s'accroissant, en prenant un développement plus philosophique, plus *naturel*, ont permis de juger avec plus de sûreté certains points litigieux de la science. La géographie des êtres, malgré la lenteur de ses progrès, a déjà rendu d'importants services.

Partisan du système de Lamarck, mais naturaliste plus zélé que sagace, Duclos, après avoir rassemblé pendant la majeure partie de sa vie d'immenses matériaux pour la publication d'une *Histoire naturelle générale et particulière de tous les mollusques vi-*

rants et fossiles, Duclos donna, en 1836, les figures coloriées et une liste méthodique des espèces du genre *Oliva*.

Cet ouvrage, quoique publié sans texte descriptif, sans synonymie et sans aucun renseignement, eut le mérite d'appeler l'attention des naturalistes sur un groupe admiré pour sa beauté, mais dont on ignorait la richesse à cause des difficultés qu'il présente pour la détermination des espèces. Duclos y rectifia quelques erreurs de Lamarck, erreurs dont nous avons déjà fait comprendre l'origine, mais en introduisit dans la nomenclature de moins pardonnables sous tous les rapports.

A peine cette publication était-elle terminée que déjà Duclos, sans cesse occupé d'augmenter le nombre de ses espèces, se préparait à donner une seconde édition de sa monographie, édition corrigée et augmentée. Elle fut bientôt publiée par M. le docteur Chenu, sans nom d'auteur, sous le titre général d'*Illustrations conchyliologiques*, cette fois avec un texte descriptif, une synonymie fort détaillée dont nous ignorons la valeur, mais avec des additions malheureuses et une grande négligence.

M. le docteur Chenu, scientifiquement étranger à cette publication, aurait dû au moins, chargé qu'il était de la direction générale, se préoccuper de la partie matérielle du livre, et ne pas laisser figurer, sur les planches d'un ouvrage aussi luxueux, plusieurs noms de la première édition rejetés par Duclos de la seconde, comme le texte le constate.

Ce texte, d'ailleurs, est d'une grande médiocrité ; mais, bon ou mauvais, il appartient complétement à Duclos, moins sans doute les négligences, et le nom de M. Chenu ne doit être cité qu'à côté et parallèlement à celui de l'éditeur.

Après les illustrations conchyliologiques parurent, presque en même temps, en 1850, la *Monographie des Olives* de M. Reeve, dans *Conchologia iconica*, et la liste synonymique des espèces de la collection de M. Jay, dans son *Catalogue of shells*. Ce dernier travail, bien qu'il renferme quelques corrections, n'est, pour le genre qui nous occupe, qu'une imitation de Duclos. Il n'en est pas de même de celui de M. Reeve.

Ce sagace naturaliste a fait un livre neuf, original ; et quoique nous ne soyons pas toujours de son avis, bien qu'il contienne quelques erreurs que nous avons cherché à rectifier de notre mieux, nous ne le considérons pas moins comme ce qui a été donné de plus parfait sur ce beau genre. Les descriptions exactes, explicites sans être verbeuses, sont accompagnées de planches généralement d'une exactitude, d'une vérité au-dessus de tout éloge. C'est évidemment l'une des monographies les mieux traitées de tout l'ouvrage.

Les seuls reproches que nous croyions devoir adresser, dès à présent, au savant conchyliologiste, sont ceux-ci : Il n'a pas figuré assez de variétés, notam-

ment quand ces variétés lui ont servi à réunir des
espèces anciennement admises ; il n'a pas donné une
synonymie suffisante : cette synonymie ne peut être
établie qu'à l'aide d'une bibliothèque très-riche, et
ce n'est guère que dans les capitales, les grands cen-
tres scientifiques que l'on peut espérer de les rencon-
trer ; enfin les indications d'habitat, la géographie des
espèces et de leurs *variétés* y est presque nulle, et
c'est le côté faible de l'œuvre. Cette lacune est d'autant plus malheureuse que personne n'était aussi bien
placé que M. Reeve pour la combler.

A côté des publications que nous venons d'énu-
mérer, et depuis 1821 si notre mémoire ne nous fait
défaut, MM. Gray, Brodérip et Sowerby en Angle-
terre, et M. Say en Amérique, ont fait connaître,
dans des journaux et autres publications scientifiques,
un petit nombre d'espèces nouvelles. MM. d'Orbigny,
et Quoy et Gaymard ont publié, le premier, des détails anatomiques sur deux espèces inédites de l'Amérique méridionale, les deux autres l'anatomie détaillée
d'espèces déjà connues, et tous les trois ont fourni
des renseignements très-importants de géographie (1). Sous ce dernier rapport surtout, M. Cu-

______

(1) L'anatomie des Olives n'est connue que depuis la publication
de leurs travaux, car, comme nous l'avons déjà dit, c'est aux *mar-
ginelles* qu'il faut attribuer les détails fournis par Adanson. Cette
erreur a été reproduite par Lamarck.

ming, l'infatigable explorateur des côtes du Chili, du Pérou, du Guatemala et des Philippines, le savant et modeste conchyliologiste, a rendu aux sciences naturelles d'incomparables services.

Dans cette notice bibliographique, suffisante pour faire connaître les progrès de la science dans le genre qui nous occupe, nous avons omis à dessein quelques traités généraux où les Olives ont eu naturellement leur place. Les ouvrages de Chemnitz, de Born, de Schrœter et de Dilwyn, etc., qui ont peu ajouté aux connaissances que l'on possédait sur les Olives, seront analysés par nous au sujet d'autres genres.

III.

L'étude de l'histoire naturelle et le classement méthodique et artistique des êtres dans les collections ont occupé une grande partie de notre vie. De ces travaux divers, parallèles, simultanés, nous avons retiré, nous le croyons du moins, une certaine faculté d'habitude pour la détermination des espèces, et en même temps il s'est formé dans notre esprit une opinion, une synthèse, une foi scientifique. Cette foi, fortifiée de plus en plus par le spectacle qu'il nous est donné de contempler, c'est celle de Lamarck et de Geoffroy Saint-Hilaire, les deux plus illustres représentants de la philosophie de l'histoire naturelle au xixe siècle, et que nous sommes heureux de partager avec M. Lecoq, le savant créateur du beau musée de Clermont-Ferrand , à la direction duquel il a bien voulu nous associer.

Partisan de l'évolution éternelle de la forme , de la mutabilité de l'espèce , nous avons cru en trouver la preuve dans l'étude si attrayante et si féconde des mollusques , et c'est avec une conviction profonde que nous faisons ici notre profession de foi scientifique , profession de foi selon nous obligatoire pour être désormais intelligible dans les coupes que nous aurons à proposer.

Personne , jusqu'ici, n'a donné une acception nette au mot espèce , personne ne l'a complétement et philosophiquement définie. C'est que *l'espèce immuable* n'existe pas.

La loi proposée par Buffon , toute large qu'elle paraisse au premier abord , n'en est pas moins fausse, et d'ailleurs impraticable. La définition de de Candolle n'est qu'une subtilité de mots , et se trouve démentie à chaque instant. De deux choses l'une : ou l'espèce est une *vérité absolue* , éternelle , invariable ; ou elle est *relative* , passagère , momentanée , *artificielle*. Une seule déviation à la première de ces théories l'anéantit complétement et consacre la vérité de la seconde.

On a obtenu des mulets , des hybrides fertiles pendant une ou plusieurs générations , et l'on a fermé les yeux pour ne pas voir la vérité.

On a prouvé, on a démontré jusqu'à la dernière

évidence, la puissance évolutive des milieux, notamment sur les espèces domestiques, et les finalistes ont rejeté le témoignage des formes soumises à l'influence humaine. C'était refuser la lutte, déserter le champ de bataille et non vaincre ; c'était laisser subsister la nuit et non créer la lumière.

Tout ce qui se fait dans la nature est *naturel*, et l'homme étant lui-même une des forces de la nature, comme toutes les autres, qu'il agisse ou non avec intelligence, avec la conscience pleine, entière de ce qu'il produit ou veut produire, ou par le seul fait du hasard, ou de la loi générale qui régit les corps inertes, l'homme n'a pas de puissance hors de la nature, et nous ne comprenons pas que l'on ait pu penser autrement. Ce qu'il fait en un jour, pour ainsi dire, par le transport, par la culture, par l'acclimatation, par la domestication, par l'hybridation, par le croisement des *races* ou des *espèces*, par la greffe même, la force brute de la nature (s'il y a une force brute !) le fait sans son auxiliaire en des siècles, plus lentement mais plus sûrement, plus solidement ; car il est à remarquer que dans les œuvres de la nature brute comme dans celles des hommes, la durée est en rapport avec le temps de la gestation, de l'évolution, de la production. Or, ce qui est vrai pour l'individu est vrai pour l'espèce, et d'une chose à l'autre s'applique à toutes. L'animal le plus long à croître est celui qui vit le plus longtemps. Par analogie, *l'espéce* la plus lente

à se former doit être la moins variable. Si l'on pouvait questionner la nature et en obtenir une réponse,
et qu'on lui demandât pourquoi elle travaille si lentement, elle répondrait sans doute comme le grand pein-
tre d'Athènes : C'est que je travaille pour l'éternité !

Nous avons déjà dit un mot de la loi proposée par
Buffon pour la délimitation de l'espèce, et nous l'a-
vons caractérisée en passant. Nous ajouterons que
les *moindres variétés* se reproduisent identiquement
quand le père et la mère en possèdent à un égal degré les caractères, et quand les circonstances ne s'y
opposent pas, et c'est ce qu'on a alors appelé *race*,
pour les animaux particulièrement. La race est un ca-
pharnaüm commode, où l'on peut loger bien des
êtres mal connus, mais dont on ne sait ni l'importance,
ni l'étendue, ni la définition. Or une école nombreuse
de botanistes, par une singulière réminiscence, fait
servir le caractère de la reproduction par graines,
aussi bien pour les végétaux dioïques que pour les
espèces monoïques, et pendant deux ou trois générations, à *l'érection définitive* de l'espèce. Nous le répétons, les *variétés* et les *races* se reproduisent identiquement, qu'elles soient *naturelles* ou *artificielles*
(nous nous servons à regret de ces mots consacrés),
et la mise en pratique d'une pareille méthode en sup-
posant qu'elle fût possible, ce qui n'est pas, aurait
pour résultat immédiat, en zoologie, le plus inex-
tricable désordre qui se puisse imaginer.

Le principe vital, la forme sous laquelle il se manifeste, est sollicitée par deux tendances, en apparence contraires, mais qui concourent au même but, à la continuation de la vie à la surface du globe.

L'une de ces forces est celle *d'évolution :* elle est inhérente à la matière, et n'a de limite que là où commence l'impossibilité de la vie même. Il faut, en effet, que les modifications soient lentes, que l'organisation reste apte à ses propres fonctions, qu'elle s'adapte complétement aux circonstances qui l'environnent, aux milieux qui l'entourent, l'inondent, l'imbibent, sans quoi la vie est impossible. Les monstruosités ne sont que des évolutions trop rapides, désordonnées de la matière; et depuis la première création des êtres jusqu'à nos jours, tout animal trop *modifié* n'est pas né viable. La loi d'*atavisme*, autrement dite *force d'habitude*, qui ramène au type des déviations peu profondes, momentanées, et *surtout quand s'évanouissent les circonstances qui les ont produites*, l'atavisme se manifeste d'autant plus fortement que les espèces sont plus nouvelles et ont des fonctions plus localisées.

Ceci doit tomber sous les sens : les milieux extrêmement divers qui entourent notre globe, et que les êtres sont forcés d'habiter successivement; les modifications continuelles, incessantes de l'atmosphère pendant la suite des temps, devait faire naître l'opinion de la modification de l'être, et, par suite, de l'espèce. L'idée burlesque que les modifications de l'atmosphère détruisent la vie, et qu'à chaque changement un peu notable de sa composition les êtres qui l'habitent, après un inconcevable dépérissement (que rien ne constate), laissent la terre déserte, et que Dieu recommence à chaque fois son œuvre manquée, cette idée burlesque, renouvelée de nous ne savons quel paganisme étroit, n'est pas scientifique, elle répugne à toute intelligence droite, à toute âme simple, et est incompatible d'ailleurs avec un sentiment religieux éclairé.

Dans l'état actuel de la science, il n'y a, ce nous semble, que deux moyens de limiter l'espèce : ils sont tous les deux naturels et philosophiques. Le premier, c'est de suivre la forme, une forme quelconque, *d'une solution de continuité à l'autre*, c'est-à-dire de n'admettre pour espèce que des êtres qui ne se lient pas à d'autres êtres par des nuances insaisissables : le second, c'est d'établir des coupes arbitraires, variables de classe à classe, d'ordre à ordre, de famille à famille, de genre à genre, *d'espèce à espèce*, et de s'entendre pour l'admission de ces *espèces artificielles* comme on s'entend pour l'établissement des autres coupes.

Le premier système est celui que nous avons employé dans ce travail toutes les fois que nous ne l'avons pas trouvé préjudiciable à la science, toutes les fois que nous avons eu assez de matériaux pour l'appliquer.

IV.

Bien que la géographie zoologique ait fait quelques progrès dans ces derniers temps, elle est loin de se trouver à la hauteur des autres branches des sciences naturelles.

On sait bien que tel groupe se trouve dans telle ou telle partie du globe, à l'exclusion de telle ou telle autre ; ainsi par exemple, pour le genre qui nous occupe, on sait que *Oliva auricularia*, *Brasiliensis*, *Peruviana*, *biplicata*, etc., sont spéciales à l'Amérique, tandis que *Ol. inflata* est de la mer des Indes et que *Ol. hiatula* est du Sénégal, mais personne encore n'a suivi les *espèces* et leurs *variétés* sur tous les points du globe qu'elles habitent, et l'on néglige et l'on méconnaît ainsi la science que l'on devrait cultiver avec le plus de persévérance, disons avec le plus de ténacité.

Néanmoins on peut tirer cette conclusion des renseignements que l'on possède :

Les espèces varient plus ou moins, sans doute selon leur degré d'ancienneté, selon la force de l'habitude acquise. Elles varient surtout en changeant de milieu, d'habitat, quand les circonstances ne sont plus les mêmes, et rarement les variétés importantes se trouvent avec le type. *Oliva reticularis*, Lamarck, la plus variable de toutes les espèces du genre, en est un curieux exemple. Les variétés diverses ne se mêlent guère, sans quoi elles disparaîtraient en *s'hybridant*, mais on les retrouve avec des caractères semblables, un facies identique à de très-grandes distances, et si les indications que nous possédons sont exactes, ce que nous avons tout lieu de croire, une certaine variété, commune aux Antilles, se retrouverait aux Seychelles, en Chine et à la terre des Papous, et cela sans que nous lui connaissions de relais intermédiaires. Nous aurions multiplié ces faits à l'infini, s'ils n'étaient destinés à prendre place dans un travail spécial de géographie que nous comptons publier par la suite. Qu'il nous suffise de constater ici que la plupart des variétés importantes sont des *variétés locales*, et que, fixées sur des points plus ou moins limités, elles tendent à s'isoler des types, à se *caractériser par l'habitude*, et à former des espèces distinctes.

V.

Arrivé au terme de cette trop longue introduction, il nous reste à dire quelques mots sur les richesses dont nous avons disposé pour nos études, et sur les renseignements qui nous ont été fournis par des amis de la science.

M. Henri Lecoq, qui a consacré aux sciences naturelles sa belle intelligence, une fortune bien suffisante à ses goûts, et la vie la plus laborieuse que l'on puisse citer, a voulu ajouter aux collections locales d'une si grande importance qu'il réunit depuis plus de 30 ans dans son beau musée de Clermont-Ferrand, une collection générale de mollusques marins, fluviatiles, terrestres et fossiles. Chargé par lui, dès 1848, de la conservation de ce musée, nous avions commencé, sous sa direction, de réunir des espèces, mais notre travail allait trop lentement selon ses désirs. Il y a joint, en peu d'années, la belle collection de Duclos, acquise après la mort de ce naturaliste ; celle du capitaine Michel, de Toulon, achetée à sa veuve, les espèces que nous possédions nous-même, pour la plupart indigènes et recueillies par nous sur divers points de la France, une multitude de lots achetés et reçus en échange, et enfin une certaine quantité de livres modernes, entre autres le bel ouvrage de M. Reeve, *Conchologia iconica*. Il a, en outre, chargé des marins et des voyageurs de lui acheter des mollusques sur tous les points du globe.

Nous avons reçu de M. Lemercier, sous-bibliothécaire au Museum, non-seulement le plus cordial accueil lors de notre dernier voyage à Paris, mais une foule de renseignements précieux, et il a poussé la complaisance jusqu'à copier lui-même des descriptions entières d'espèces dans des ouvrages qui nous manquaient, et de nous les adresser à Clermont-F^d. Nous prions cet homme de bien, cet ami si savant et si paternel de tous les travailleurs consciencieux, de recevoir l'hommage de notre respect et de notre gratitude.

MM. Verreaux frères, qui ont élevé aux sciences naturelles un véritable monument dans leur musée de la place Royale, ont eu pour nous toutes sortes de complaisances. M. Edouard Verreaux, propriétaire actuel de cet établissement, a mis à notre disposition tous les renseignements dont il disposait, ainsi que sa bibliothèque conchyliologique, où nous avons pu prendre et emporter chez nous la *Monographie des Olives des illustrations conchyliologiques*, ouvrage qui nous était indispensable et que nous n'avions jamais pu nous procurer ailleurs (1).

M. Deshayes, avec une bonté digne d'accompagner sa remarquable érudition, nous a donné quelques renseignements que nous estimons essentiellement parce qu'ils viennent de lui.

Enfin M. Hupé, aide naturaliste au Museum, a

----

(1) Voici un fait que nous livrons au jugement de nos confrères. Ne pouvant nous procurer cet ouvrage (qui n'est pas en vente), nous priâmes dernièrement un de nos amis, alors à Paris, de s'informer auprès de quelques personnes et de tâcher de nous le procurer, ne fût-ce que pour quelques jours. Cet ami, en désespoir de cause, crut pouvoir s'adresser à M. Chenu lui-même. Celui-ci répondit *que rien n'avait été publié sur les Olives dans les Illustrations conchyliologiques, ni par lui-même ni par Duclos.* Notre ami, ayant dit le besoin indispensable que nous avions de cette monographie, insista, assurant M. Chenu que la publication avait eu lieu, et qu'il venait de la voir à la bibliothèque du Museum, ce qui était exact; et M. Chenu, néanmoins, soutint que *c'était une erreur*, et que le livre *n'existait pas.*

mis une complaisance extrême à nous faire visiter les collections de cet établissement, peu en rapport, malheureusement, avec la réputation dont il jouit et avec l'influence qu'on lui attribue.

Clermont-Ferrand, le 25 juin 1857.

CATALOGUE.

1. — OLIVA TEXTILINA, Lamarck.

Oliva textilina, Lam., Annales du Museum, tome XVI, page 309 (1810).
—   —   Duclos, Monographie des Olives, planche 14, figures 5-9; planche 32, fig. 5-6 (1856-59).
—   —   — (dans Chenu). Illustrations conchyliologiques, planche 15, figures 5-9; planche 34, figures 5-6 (18...?).
—   —   Reeve, Conchologia iconica, planche 6, figures 9, a. b. c (1850).
— *pica*, Lam.   ⎱ Variétés.
— *granitella*, Lam. ⎰

HABITAT. : Nouvelle-Guinée, Port-Dorey (Duclos). — Nouvelle-Hollande (Jay). — Iles Ticao et Mindanao, Philippines (Cuming).

Espèce assez distincte par sa forme plutôt que par la disposition de ses couleurs, disposition commune à plusieurs de ses congénères. Elle est facile à recon-

naître à l'aide des figures qu'en ont données Duclos et
M. Reeve. Ce dernier naturaliste n'a pas représenté
toutes les variétés, et n'a donné à *Ol. textilina* aucune synonymie. *Ol. pica* et *granitella*, Lam., sem-
blent lui être inconnues.

Il est probable que plusieurs variétés de cette espèce ne se trouvent pas avec le type, et sont spéciales à certains parages. Ainsi la variété blanche et noire
(*Ol. pica*, Lam.) n'a été citée, à notre connaissance,
qu'à la Nouvelle-Hollande. Cette observation s'applique, en général, à toutes les espèces du genre, et
de tous les genres, et confirme, jusqu'à un certain
point, l'idée émise que les espèces tendent à varier
quand changent les circonstances ambiantes et autres,
et à perpétuer ces *variations* quand rien n'y met obs-
tacle. C'est là, pour nous, l'origine de la plupart des
variétés, et, par suite, de la plupart des *espèces*.

Observation. — La médiocrité du travail de Duclos,
les confusions qu'il y a entassées, nous ont engagé à ne
pas citer son texte. Nous ne le ferons que dans des cas
exceptionnels et indispensables, et lorsqu'il ne donnera
pas lieu à de doubles emplois.

2. — OL. PONDEROSA, Duclos.

Oliva ponderosa, Duclos, Mon. Ol., pl. 13, fig. 8-9.
    —   —   — (d. Ch.), Ill. conch., pl. 14, fig. 8-9;
                   pl. 33, fig. 9-10.
    —   —   Reeve, Conch. icon., pl. 2, fig. 4, a. b.
    — *erythrostoma* (part.), Duclos, Mon. Ol., pl. 13, fig. 6.
    —   —   — (d. Ch.). Ill. conch., pl. 14, fig. 6.

Oliva azemula. Duclos, Mon. Ol., pl. 14, fig. 1-2.
   —   —   —   (d. Ch.), Ill. conch., pl. 15, fig. 1-2.

Hᴀʙ. : Sainte-Hélène (Duclos). — Ile Maurice (Reeve).

Il y a peu de *bonnes espèces* dans le genre *Oliva*, et si l'on continue à rayer des catalogues toutes celles qui se fondent avec les espèces voisines par de nombreux intermédiaires, celle-ci disparaîtra probablement de la nomenclature quand on aura réuni de plus complètes collections.

Nous ne répéterons pas ici ce que nous avons déjà dit dans notre préface, nous nous contenterons de faire observer que *Ol. ponderosa type*, si caractéristique quand on la compare à *Ol. erythrostoma type*, ou à *Ol. tremulina type*, s'unit avec ces deux espèces par des nuances bien difficiles à saisir. Nous pensons néanmoins que cette coupe et d'autres encore peuvent être conservées dans l'état actuel de la science, car on sait trop peu de choses, les collections sont trop pauvrement établies pour que l'on puisse avec leur aide décider ces questions difficiles. Nous laisserons donc figurer sur ce catalogue plusieurs espèces douteuses, car on étudie infiniment mieux en multipliant les coupes, et un plus grand nombre d'espèces appelle dans les collections un plus grand nombre d'individus. Quand on aura étudié la nature comme elle doit l'être, quand, *ne rejetant rien, ne faisant pas d'exception, acceptant tous les faits,* on aura réuni en un point quelconque des individus de toute sorte et de tous les points du globe, quand on aimera la nature dans toute sa grandeur, on découvrira probablement ses secrets.

Comme on le voit par les citations que nous faisons, par la synonymie que nous donnons, nous n'adoptons pas l'opinion de Duclos. Nous prévenons dès le commencement de ce travail, que, dans nos efforts pour corriger les erreurs de nos devanciers, nous tenons à ne subir l'influence d'aucun, nous jugeons à notre manière, bien ou mal, leurs livres et les échantillons de Duclos à la main.

M. Reeve rapporte *Ol. azemula*, Duclos, à *Ol. angulata*, Lam., à titre de synonyme. Nous pouvons affirmer qu'il n'y a entre elles aucun rapport.

3. — OL. ERYTHROSTOMA, Lamarck.

Oliva erythrostoma, Lam., Ann. Mus., t. XVI. p. 509.
—   —   Duclos, Mon. Ol., pl. 13, fig. 1, 2, 3, 4, 5, 7, (Non. 6), et pl. 31, fig. 7-8.
—   —   —   (d. Ch.), Ill. conch., pl. 14, fig. 1, 2, 3, 4, 5, 7, (Non. 6), et pl. 33, fig. 7-8.
—   —   Reeve, Conch. icon., pl. 5, fig. 7, a. b. c. d. g. (non e. f.) ?...
— *tremulina* (part.), Duclos, Mon. Ol., pl. 11, fig. 1.
—   —   —   —   (d. Ch.), Ill. conch., pl. 12, fig. 1.
— *mazaris*, Duclos, Mon Ol., pl. 20, fig. 7-8.
—   —   —   (d. Ch.), Ill. conch., pl. 22, fig. 7-8.
— *azemula* (part.), Duclos (d. Ch.), Ill. conch., pl. 13, fig. 10-11.
— *sylvia*, Duclos (d. Ch.), Ill. conch., pl. 14, fig. 10-13.

Hab. : L'île de France, Madagascar, Timor, Tongatabou (Duclos). — Ile Gouan , Port-Dorey , Nouvelle-Guinée (Jay). — Ceylan , Mindanao (Cuming).

Nous avons dit, au sujet des espèces précédentes, qu'elles paraissent s'unir ensemble par de nombreux intermédiaires, mais que les types sont très-faciles à distinguer. Celui d'*Ol. erythrostoma* est éminemment caractérisé par une coquille un peu pâle, épaisse (moins cependant que dans *ponderosa)*, grande, enflée, fortement striée et bossuée par les saillies d'accroissement. Ce dernier caractère, qu'elle partage avec *ponderosa*, la distingue en général de toutes ses autres congénères. Le violet se montre aussi plus intense que sur les autres espèces ; l'intérieur de sa bouche est du plus beau rouge, comme dans l'espèce suivante.

C'est à tort que M. Reeve attribue à son *Ol. nobilis* la fig. 5 de la pl. 11 (Mon. Ol.) de Duclos, fig. 5 de la pl. 12 (Ill. conch.), ainsi que la fig. 7 de la pl. 31 (Mon. Ol.), et fig. 7 de la pl. 33 (Ill. conch.) ; la fig. 5 représente *Ol. tremulina*, la fig. 7 *Ol. erythrostoma*. Les deux individus qui ont servi de modèles sont caractéristiques.

Ol. Mazaris, Duclos, est une coquille décolorée mais qui se rapporte identiquement au type *erythrostoma*, Lam.

Ol. sylvia, Duclos, a été faite avec des individus jeunes, mais qui n'ont absolument rien de particulier.

Les figures de M. Reeve, remarquables comme exactitude, ne sont pas très-caractéristiques. Les unes représentent de jeunes individus, les autres des individus d'une espèce que nous avons cru devoir distinguer, et à laquelle nous avons donné le nom d'*Ol. magnifica*, en sorte qu'il manque *erythrostoma* type et adulte. Pour ce qui concerne cette espèce, et avec la synonymie que nous lui donnons, le livre de Duclos peut être consulté avec plus d'avantage que celui de M. Reeve. Les figures sont bonnes, exactes; elles ont été faites sur de magnifiques échantillons, et l'on peut facilement y distinguer les stries de croissance et les saillies qui les bossuent.

La géographie de cette espèce est entièrement à faire.

4. — OL. MAGNIFICA.

Oliva erythrostoma (part.), Reeve, Conch. Icon., pl. 5, fig. 7, e. f.
— *magnifica*, nobis, Atlas, pl. 1, fig. 4, a. b. c. d.

HAB. : Mindanao (Cuming).

« Coquille allongée-cylindracée, médiocrement
» épaisse, à spire courte, à tours concaves; bord
» droit sinueux, épaissi; plis columellaires très-
» variables, nombreux, profonds et distincts, ou
» rares et oblitérés; d'un blanc fauve ou jaunâtre;
» trifasciée; fascies le plus souvent interrompues,
» fauves, brunes, noirâtres, ou violacées, réunies
» ensemble par une multitude de dessins onduleux

» ou trigones un peu moins foncés ; quelquefois d'un
» beau brun uniforme presque noir, d'autres fois pie,
» tachetée de larges macules trigones d'un brun plus
» ou moins intense ; ouverture d'un beau rouge. »

Ayant séparé spécifiquement cette forme d'*Ol. erythrostoma* dans l'arrangement méthodique de la collection de M. Lecoq, nous n'avons pas cru devoir
l'omettre dans ce catalogue, quoique nous la trouvions
douteuse, comme la plupart de celles du groupe.
Nous l'avons cependant établie à l'aide de 139 magnifiques individus, extraits sans trop de difficulté
d'un bien plus grand nombre d'*O. erythrostoma*.

Rapports et différences :

Généralement plus foncée que l'espèce à laquelle
nous la comparons, et qui est toujours plus ou moins
pâle, *Ol. magnifica* est souvent fasciée de brun, quelquefois même d'un brun noir intense et uniforme.
— Sa taille est à peu près la même, seulement celle-
ci est plus allongée, moins enflée, moins bossuée,
moins épaisse de test. — L'intérieur de la coquille,
violet d'abord dans le jeune âge, ce qui n'a pas lieu
dans *erythrostoma*, est d'un aussi beau rouge dans
l'état adulte. — Sa forme générale la rapproche de
Ol. tremulina avec laquelle Duclos la confondait à
titre de variété à bouche rouge. — Nous avons fait
figurer cette coquille pour qu'il n'y ait pas d'équivo-
que à son sujet.

5. — OL. NOBILIS , Reeve.

Oliva nobilis, Reeve, Conch. icon., pl. 2, fig. 5, a. b. c.
— *tremulina* (part.), Duclos, Mon. Ol., pl. 11, fig. 2, 4, 7, 9.
— — — — (d. Ch.), Ill. conch., pl. 12, fig.
2, 4, 7, 9.

Hab. : Ile Maurice (Reeve). D'après les étiquettes de la collection Duclos, pour nous douteuses, cette espèce, ainsi que *tremulina* et *erythrostoma*, se trouveraient sur un très-grand nombre de points, et à peu près partout, depuis Sainte-Hélène jusqu'aux extrémités de l'Océanie.

Oliva nobilis nous paraît la plus mauvaise espèce du groupe, et point central où viennent se réunir, par d'insensibles dégradations, les formes voisines, *ponderosa*, *erythrostoma*, *magnifica*, *nobilis*, *tremulina* et *olympiadina*.

Lamarck avait cru trouver aussi, dans le voisinage de son *Oliva tremulina*, des formes assez distinctes pour constituer des espèces particulières, et il est à déplorer que la collection de cet illustre naturaliste ait passé entre tant de mains inhabiles, et n'ait pu servir de preuve, dans les cas de litige, pour les espèces créées par lui.

Nous ne trouvons, en effet, rien d'assez précis dans ses diagnoses, mais nous pouvons croire, toutefois, que *tremulina* de Lamarck représente le *nobilis* de M. Reeve, tandis que le *tremulina* de cet auteur contient *hepatica*, *optusaria* et *Zeilanica* de Lamarck.

Nous avons adopté le nom de M. Reeve, parce qu'il est appuyé sur une bonne description, et sur des figures d'une remarquable exactitude qui ne peuvent laisser de doute sur les formes indiquées par lui ; mais nous ne l'admettons que pour les raisons données déjà, et d'une manière toute provisoire.

Comme nous l'avons déjà dit à propos de *Ol. erythrostoma*, la fig. 5 de la pl. 11 (Mon. Oliv.) de Duclos, 5 de la pl. 12 (Ill. Conch.), ainsi que la fig. 7 de la pl. 31 (Mon. Oliv.), et 7 de la pl. 33 (Ill. Conch.), n'appartiennent pas à l'*Ol. nobilis*.

6. — OL. TREMULINA, Lamarck.

Oliva tremulina, Lam., Ann. Mus., t. XVI, p. 310.
— — Duclos, Mon. Ol. pl. 11, fig. 3, 5, 6, (non. 1. 2, 4, 7, 8, 9).
— — — (d. Ch.). Ill. conch., pl. 12, fig. 3, 5, 6, (non. 1, 2, 4, 7, 8, 9).
— — Reeve, Conch. Icon., pl. 4. fig. 6, a. b. c. d. e., et pl. 5, fig. 5, c. ?
— *obtusaria*, Lam. ⎫
— *hepatica*, — ⎬ Variétés ?
— *zeilanica*, — ⎭

Hab. : Duclos l'indique partout, à peu près, depuis les Antilles jusqu'en Californie en faisant le tour du globe, et jusqu'au sud de l'Océanie. — Ceylan (Jay). — Maurice et Philippines (Reeve).

Espèce excessivement commune dans les collections, et qui varie beaucoup pour la taille, la forme et la couleur. Elle est voisine de *nobilis* avec laquelle il est difficile de ne pas la réunir, et est très-difficile à distinguer de *Ol. Olympiadina*, Duclos. On confond souvent, dans les collections, ses jeunes individus avec de jeunes *irisans*, Lam. Quoique distincte de cette dernière, elle s'en rapproche beaucoup par certaines variétés.

7. — OL. OLYMPIADINA, Duclos.

Oliva Olympiadina, Duclos, Mon. Ol., pl. 12, fig. 10-12.
—   —   —   (d. Ch.), Ill. conch., pl. 13, fig. 10-12.
—   —   Reeve, Conch. Icon., pl. 3, fig. 3, a. b. d. e. (non. c.) (Reeve).
— *tremulina*, (part.) Duclos, Mon. Ol., pl. 11, fig. 8.
—   —   —   —   (d. Ch.), Ill. conch., pl. 12, fig. 8.

HAB. : Les individus de la collection Duclos, étiquetés de sa main, sont indiqués comme provenant de la Chine, et il leur assigne la Californie dans les *Illustrations conchyliologiques*. Est-ce une erreur de Duclos ou de M. Chenu ? — Ile Maurice (Reeve).

Grande et magnifique coquille, extrêmement voisine de *Ol. tremulina*, dont elle n'est probablement qu'une variété locale. Elle se reconnaît à la blancheur extrême du fond et de l'ouverture, et à sa columelle qui, à part sa blancheur, est plus profondément plissée et plus calleuse. Les deux individus figurés par Duclos sont d'une parfaite conservation, et la variété blanche une des plus belles coquilles qu'il soit possible de voir.

Nous avons cité avec doute , à l'article précédent , à propos d'*Ol. tremulina*, la fig. 5, c. de la planche IV de M. Reeve. Cette planche nous paraît représenter une variété de *Ol. Olympiadina* à columelle et à intérieur légèrement colorés, et établissant un passage entre les deux espèces. Cette variété est représentée dans la collection de M. Lecoq par de très-beaux échantillons.

8. — OL. ATALINA, Duclos.

Oliva Atalina, Duclos, Mon. Ol., pl. 10, fig. 9-10.
—   —   —   (d. Ch.), Ill. conch., pl. 11, fig. 9-10.
— *Quersoliana*, Duclos, Mon. Ol., pl. 10, fig. 7-8.
—   —   —   (d. Ch.), Ill. conch., pl. 11, fig. 7-8.

Hab. : Mers de la Chine (*Atalina*), et du Japon (*Quersoliana*) (Duclos).

Belle et curieuse espèce , paraissant intermédiaire entre *Ol. textilina* et *episcopalis*, mais suffisamment distinctes de l'une et de l'autre. Ses taches, violacées ou fauves, sont ombrées régulièrement du même côté , et simulent des saillies qui projetteraient des ombres réelles , ou des dessins estompés par un seul frottement. Le caractère de la coloration , qui la rapproche de certaines variétés de *Ol. textilina*, est mal rendu dans les figures données par Duclos.

Ol. Quersoliana a été établie avec des individus jeunes et décolorés , mais qui présentent bien tous les caractères du type.

9. — OL. IRISANS, Lamarck.

Oliva irisans, Lam., Ann. Mus. t. XVI, p. 312.
—   —   Duclos, Mon. Ol., pl. 28, fig. 5-12.
—   —   —   (d. Ch.), Ill. conch., pl. 50, fig. 5-12 et
                   15-16.
—   —   Reeve, Conch. Icon., pl. 6, fig. 8, a. b. c. d.
— *Philantha*, Duclos, Mon. Ol., pl. 20, fig. 5-6.
—   —   —   (d. Ch.), Ill. conch., pl. 22, fig. 5-6.

Hab. : Ile de Ceylan ; île Basilan pour la variété mince et à spire courte. (Duclos). — Ile Maurice (Reeve).

Coquille très-variable pour la forme et pour la couleur, et que l'on confond fréquemment, surtout dans le jeune âge, avec les espèces voisines, notamment avec *Ol. tremulina*.

Toutes les variétés que nous connaissons se trouvent dans les *Illustrations conchyliologiques;* l'une d'elles n'était pas dans la première monographie de Duclos.

M. Reeve n'a pas figuré la variété entièrement brune, ni *Ol. Philantha* qu'il paraît ne connaître que d'après les dessins médiocres qu'en a donnés Duclos, et qu'il confond avec *Ol. tricolor*, Lam.

Ol. Philantha, Duclos, est une variété à coquille épaisse, pesante, à spire courte, à tours convexes, et non recouverts par la callosité spirale. Elle a été établie sur un individu un peu décoloré, mais nous en avons de frais et de très-caractéristiques.

10. — OL. TRICOLOR, Lamarck.

Oliva tricolor, Lam., Ann. Mus., t. XVI, p. 516.
  —   —   Duclos, Mon. Ol., pl. 20, fig. 9-13.
  —   —   — (d. Ch.), Ill. conch., pl. 22, fig. 9-13.
  —   —   Reeve, Conch. Icon., pl. 12, fig. 22, a. b.
  — *tringua*, Duclos, Mon. Ol., pl. 8, fig. 5-6.
  —   —   — (d. Ch.), Ill. conch., pl. 9, fig. 5-6.
  — *lacertina*? Freycinnet?

Hʌʙ. : Océan des Grandes-Indes, Java, Timor, etc. (Duclos). — Philippines, Ceylan (Jay). — Maurice (Reeve).

Ol. tringua, Duclos, représentée dans la collection de ce naturaliste par un seul individu, n'est pas même une variété de *Ol. tricolor*. La forme exceptionnelle de sa columelle, seul caractère distinctif, est due à un accident tout individuel et pathologique. La figure est au reste médiocre.

M. Reeve donne comme synonyme de *Ol. tricolor*, *Ol. Philantha*, Duclos. C'est une erreur. Cette coquille appartient au type *irisans*.

11. — OL. SANGUINOLENTA, Lamarck.

Oliva sanguinolenta, Lam., Ann. Mus., t. XVI, p. 516.
  —   —   Duclos, Mon. Ol., pl. 20, fig. 14-16, et pl. 53, fig. 3-4.
  —   —   — (d. Ch.), Ill. conch., pl. 22, fig. 14-16, et pl. 53, fig. 3-4.
  —   —   Reeve, Conch. Icon., pl. 13, fig. 23, a. b.
  — *Evania*, Duclos, Mon. Ol., pl. 20, fig. 3-4.
  —   —   — (d. Ch.), Ill. conch. pl. 22, fig. 3-4.

Oliva pintamella, Duclos, Mon. Ol. pl. 33, fig. 7-8.
   —   —   — (d. Ch.), Ill. conch., pl. 33, fig. 7-10.

Hab. : Océan Indien, Timor, Nouvelle-Guinée (Duclos). — Ile Negros, Philippines (Cuming).

Ol. Evania, Duclos, n'a aucun caractère particulier, et rien n'autorisait ce naturaliste à l'ériger en espèce. Elle se rapporte parfaitement aux variétés à fond pâle et fortement fasciées de l'*Ol. sanguinolenta*.

Ol. pintamella, Duclos, a été faite avec deux individus jeunes et décolorés.

12. — OL. MAURA, Lamarck.

Oliva maura, Lam., Ann. Mus. t. XVI, p. 311.
  —   —   Duclos, Mon. Ol.. pl. 23 tout entière.
  —   —   — (d. Ch.), Ill. conch., pl. 23 tout entière, et
                        pl. 54, fig. 3-4.
  —   —   Reeve, Conch. icon., pl. 7, fig. 10, b. c. d. e. f.
                        (non. a. g.).
  — *fulminans*, Lam. } Variétés.
  — *sepulturalis*, Lam. }

Hab. : Indes, Nouvelle-Hollande, Amboine, Nouvelle-Guinée (Duclos). — Maurice, Ceylan, Philippines (Reeve).

M. Reeve réunit ici, sous le nom de *Ol. maura*, des espèces qui nous paraissent distinctes. Nous n'affirmerions pas qu'il ne se trouve pas d'intermédiaires entre *Ol. maura* et *Macleaya*, mais nous ne les avons jamais vus, et M. Reeve ne les figure pas.

Cette coquille est extrêmement variable quant à la

couleur, passant du jaune tendre au noir profond, et présentant sur un fond habituellement uniforme, une multitude de fascies excessivement variées. Ces divers modes de colorations ont trompé les anciens naturalistes, notamment Lamarck, qui a pris ces variations pour des espèces distinctes. La plus curieuse est celle qui présente, sur un fond plus ou moins clair, une multitude de lignes tournant dans le sens de la spire comme des cercles, et fondues en teintes d'une délicatesse extrême. — Elle présente souvent le phénomène singulier de saillies longitudinales, de bourrelets très-forts dus à des temps d'arrêt de développement. Ce caractère, très-commun dans certains genres, est très-rare dans celui qui nous occupe, et dans toutes les coquilles lisses recouvertes par le manteau.

Ol. fulminans, Lam., est une variété fauve ou brunâtre sillonnée par des lignes foncées, en zig-zag, et représentant plus ou moins les phénomènes de la foudre.

Ol. sepulturalis, Lam., est une variété sombre avec des zones plus sombres et un peu confuses.

13. — OL. MACLEAYA, Duclos.

Oliva Macleaya, Duclos, Mon. Ol., pl. 21, fig. 15-16.
 — —   — (d. Ch.), Ill. conch., pl. 25, fig. 15-16.
 — *Maura* (part.), Reeve, Conch. icon., pl. 7, fig. 10, g.

Hab. : Ceylan. (Duclos).

M. Reeve n'admet pas cette espèce , et la réunit à *Ol. maura* à titre de variété. La figure qu'il en donne ne se rapporte qu'imparfaitement au type de Duclos, et nous paraît représenter un individu jeune et extraordinairement coloré.

Oliva Macleaya, contrairement à ce qui a lieu pour *Ol. maura*, varie peu. Elle est grisâtre , obscurément fasciée , et recouverte d'une couche transparente et comme lactescente qui lui donne un facies tout particulier.

14. — OL. NEOSTINA, Duclos.

Oliva neostina, Duclos, Mon. Ol., pl. 19, fig. 11-16.
— — — (d. Ch.), Ill. conch., pl. 21, fig. 11-16, pl. 22, fig. 17-18.
— *Octavia*, — — — pl. 28, fig. 21-22.

Hab. : Nouvelle-Guinée , Nouvelle-Hollande (Duclos).

Coquille très-voisine de l'*Ol. maura* , mais infiniment moins grande , plus cylindracée , moins variable. — Elle a une variété extrêmement remarquable, d'un noir profond , distincte de la même variété dans l'*Ol. maura*. Toute la coquille , en général, est ornée de petits traits anguleux , en zig-zag , grisâtres , qui emplissent l'espace compris entre les fascies , et recouverte d'une couche lactescente et ressemblant à l'iris de l'œil. Ce dernier caractère facilite singulièrement la détermination.

15. — OL. FUNEBRALIS, Lamarck.

Oliva funebralis, Lam., Ann. Mus., t. XVI, p. 517.
— *leucostoma*, Duclos, Mon. Ol., pl. 27, fig. 14-16.
— — — (d. Ch.), Ill. conch., pl. 29, fig. 14-20.
— *maura*, (part.), Reeve, Conch. icon., pl. 7, fig. 10, a.

HAB. : Amboine (Duclos).

Il nous semble que la description de Lamarck ne laisse aucun doute, et que c'est bien à son *Ol. funebralis* que Duclos a donné le nom de *leucostoma*. Au reste, d'après Lamarck, ce nom de *leucostoma* désignait, sur les anciennes étiquettes du Museum, la même coquille, et c'est probablement là que Duclos l'aura pris, à moins que ce ne soit dans la description elle-même « ore albido. » Elle porte encore le nom de *funebralis* au Museum, et, ce qui est plus sérieux, dans la collection de M. Deshayes. M. Reeve, lui-même, est de cet avis. Ceci établi, nous avons peine à comprendre que ce dernier naturaliste n'ait pas remarqué le facies si particulier de la coquille qui nous occupe et l'ait donnée comme synonyme de *Ol. maura*. Selon nous elle en est parfaitement distincte.

Comme Duclos le fait judicieusement observer, *Ol. funebralis* est une des rares espèces sur lesquelles on aperçoive du vert. Sur un fond jaunâtre ou verdâtre, rarement grisâtre, elle est traversée par deux larges fascies, quelquefois continues, le plus souvent interrompues. Ces fascies sont brunes, grises ou vertes, mais toujours avec un reflet verdâtre. La spire est courte ; le sillon du dernier tour est généralement seul visible ; quelquefois, par exception, il se continue jusqu'à l'avant-dernier, mais le reste est empâté sous un callus plus ou moins épais ; l'intérieur est livide ; la columelle blanche, avec une légère teinte roussâtre à la base, comme dans presque toutes les Olives de ce groupe, mais moins apparente cependant.

16. — OL. DACTYLIOLA, Duclos.

Oliva dactyliola, Duclos, Mon. Cl., pl. 27, fig. 5-8. (non. 9).
— — — (d. Ch.), Ill. conch., pl. 29, fig. 5-8. (non. 9).
— *Valentina*, Duclos, (d. Ch.), Ill. conch., pl. 28, fig. 23-24.

Hab. : Nouvelle-Guinée, Amboine (Duclos).

Espèce pour nous douteuse, mais qui ne peut être réunie qu'avec *Oliva funebralis*, dont elle semble être un diminutif, et non pas, comme le pense M. Reeve, avec *Ol. bulbiformis* ou *Ol. Caroliniana*.

Elle est un tiers plus petite que *funebralis*, dont elle a à peu près la forme ; elle a aussi à peu près la même couleur, seulement les fascies sont peu apparentes et très-minces ; dans bon nombre d'individus, les fascies n'existent pas. Les dessins dont elle est ornée sont plus fins, plus confluents, et elle semble avoir gagné en partie en épaisseur ce qu'elle a perdu en grandeur, quand on la compare à *funebralis*. Son bord droit est épais. — Sa spire est plus empâtée que dans l'espèce à laquelle nous la comparons.

Nous avons à notre disposition un assez grand nombre d'individus, mais pas un qui passe à une espèce voisine.

Ol. Valentina n'offre aucun caractère particulier, si ce n'est qu'elle est roulée et décolorée.

17. — OL. RUFULA, Duclos.

Oliva rufula, Duclos, Mon. Ol., pl. 19, fig. 9-10.
  —   —   — (d. Ch.), Ill. conch., pl. 21, fig. 9-10.
  —   —   Reeve, Conch. Icon., pl. 20, fig. 30.

Hab. : Amboine (Duclos). — Cagayan, Mindanao, Philippines (Cuming).

Coquille caractéristique et extrêmement facile à reconnaître, par sa taille, sa forme et la disposition de ses couleurs. Elle est rare dans les collections.

18. — OL. FABREII.

Oliva Fabreii, Nob., Atlas, pl. 2, fig. 18, a. b.

Hab. Inconnu.

» Coq. allongée, cylindrique, médiocrement
» épaisse, blanchâtre ou grisâtre, bifasciée ; couverte
» d'une multitude de petits dessins gris, en zig-zag,
» nébuleux et confluents ; fascies brunes, peu visi-
» bles, interrompues ; spire médiocre, conique, éta-
» gée, réticulée ; sillon médiocre ; suture distincte ;
» bord droit épaissi, réfléchi à ses deux extrémités ;
» columelle blanche, sinueuse, subgibbeuse, irré-
» gulièrement plissée ; intérieur blanc livide. »

Rapports et différences.

Cette coquille singulière est voisine, pour la forme générale, de *Ol. maura*, mais elle se distingue de toutes les espèces du genre par un facies particulier et par sa spire anormale. Cette spire est composée de 5 tours réguliers, qui tout-à-coup s'infléchissent et vont s'insérer sur le tour précédent presque à angle droit, formant ainsi, outre le sillon, un canal spiral anguleux et profond qui lui, donne l'apparence d'une *Eburna*, ou d'une coquille scalaire, bien que sa spire soit médiocrement élevée.

Le dessin que nous en donnons suffit au reste pour la faire distinguer au premier coup d'œil.

Nous dédions cette espèce à notre savant ami M. Fabre, professeur d'histoire naturelle au lycée d'Avignon, et connu du monde savant par des travaux nombreux, originaux et profonds.

19. — OL. ELEGANS, Lamarck.

Oliva elegans, Lam., Ann. Mus., t. XVI, p. 512.
— — Duclos, Mon. Ol.. pl. 21, fig. 1-6, pl. 52, fig. 1-2.
— — — (d. Ch.), ill. conch., pl. 23, fig. 1-6, pl. 54, fig. 1-2, pl. 55, fig. 11.
— — Reeve, Conch. Icon., pl. 12, fig. 20, a. b. c.

HAB. : Ceylan, Port-Dorey à la Nouvelle-Guinée (Duclos). — Iles Feejee (Reeve). — Ile Ceylan, Nouvelle-Hollande (Jay).

Cette espèce est une des meilleures du genre, et présente néanmoins assez de variétés, dont quelques-unes en rendent la détermination très-difficile. Il faut avoir pour cela beaucoup d'individus et être très-familier avec l'étude des Olives.

C'est, après l'*Ol. sanguinolenta*, Lam., l'espèce du groupe chez laquelle la coloration roussâtre de la basse de la columelle est le plus caractéristique.

20. — OL. LECOQUIANA.

Oliva Lecoquiana, Nob., Atlas, pl. 2, fig. 20, a. b. c.

Hab. : Chine (amiral Cécile).

« Coq. ovale, ventrue, enflée, régulière, un
» peu épaisse, à fond jaunâtre ou verdâtre, rare-
» ment trifasciée ; coaverte d'une multitude de pe-
» tites taches olivâtres plus ou moins confluentes ;
» fascies noirâtres, larges, souvent obscures, in-
» terrompues ; spire courte, conoïde ; tours à peine
» convexes ; bord droit arqué, peu épaissi ; colu-
» melle régulièrement arrondie, presque parallèle au
» bord droit, blanchâtre postérieurement, roussâtre
» à la base, largement et régulièrement plissée ; in-
» térieur blanc livide. »

Rapports et différences.

Ol. Lecoquiana ne peut être confondue qu'avec *Ol. elegans*, Lam., dont elle est très-voisine, mais dont elle est aussi constamment distincte. Elle en diffère par un facies particulier, par sa forme générale qui n'est jamais anguleuse, par sa couleur toujours olivâtre, par ses macules beaucoup plus fines, beaucoup moins crues, plus fondues, par son bord droit arqué et peu épaissi, par l'extrémité postérieure de ce bord qui n'est ni dilatée ni réfléchie, par sa columelle régulière, non sinueuse, moins calleuse postérieurement, plus fortement et plus régulièrement plissée.

Nous la dédions avec un vif plaisir à **M. Henri Lecoq.**

21. — OL. BULBIFORMIS, Duclos.

Oliva bulbiformis, Duclos, Mon. Ol., pl. 27, fig. 10-13.
— — — (d. Ch.), Ill. conch., pl. 27, fig. 21-24, pl. 29, fig. 10-13.
— — Reeve, Conch. Icon., pl. 13, fig. 26, a. b. c.
— *dactyliola* (part.), Duclos, Mon. Ol., pl. 27, fig. 9.
— — — — (d. Ch.), Ill. conch., pl. 29, fig. 9.
— *Hemillona*, Duclos, Mon. Ol., pl. 19, fig. 3-4.
— — — (d. Ch.), Ill. conch., pl. 21, fig. 3-4.

HAB. : Iles Salomon (Duclos). — Moluques (Reeve).
Duclos attribue la fig. 9 de la pl. 27 (Mon. Ol.), et la fig. 9 de la pl. 29 (Ill. conch.), à *Oliva dactyliola* par une erreur singulière, erreur répétée dans sa collection. Nous avons la coquille et pouvons affirmer que c'est bien une *Oliva bulbiformis*.

Espèce variable pour la couleur, et passant du

jaune clair au noir intense, avec ou presque sans fascies, mais reconnaissable à sa forme régulièrement enflée, à sa columelle arquée, et à la finesse de ses dessins. Sa spire, extrêmement courte, est empâtée sous un callus peu épais.

Ol. Hemiltona, Duclos, est une coquille jeune, roulée et décolorée.

22. — OL. TIGRINA, Lamarck.

Oliva tigrina, Lam., Ann. Mus., t. 16, p. 322.
   —   —   Duclos, Mon. Ol., pl. 21, fig. 7-12.
   —   —   —   (d. Ch.), Ill. conch., pl. 23, fig 17-19, pl. 56, fig. 13-14.
   — *Othonia*,   —   —   pl. 5, fig. 22-23.
   —   —   Reeve, Conch. icon., pl. 12, fig. 21, a. b.

Hab. Madagascar. (Duclos).— Philippines. (Jay).
Coquille extrêmement variable par la couleur et très-commune dans les collections. Elle passe du gris blanc au noir le plus intense, et présente tous les genres possibles de dessins. Avec un peu d'attention on la distingue assez facilement des autres espèces, et elle n'est réellement bien voisine que d'*Ol. elegans*.

Ol. Othonia, Duclos, a été établie avec des individus jeunes et roulés.

23. — OL. INFLATA, Lamarck.

Oliva inflata, Lam., Ann. Mus., t. XVI, p. 319.
   —   —   Duclos, Mon. Ol., pl. 22 tout entière.
   —   —   —   (d. Ch.), Ill. conch., pl. 24 tout entière.

Oliva inflata , Reeve , Conch. icon., pl. 15 tout entière.
— *bicingulata* , Lam. ⎞
— *bicincta* , Lam. ⎟ Var.
— *fabagina* , Lam. ⎟
— *undata* , Lam. ⎠

HAB.: Ceylan, Nouvelle-Hollande, Mer-Rouge, etc. (Duclos). — Zanzibar, Thorn (Reeve).

Coquille d'une variabilité extrême , et qui présente des formes *locales* assez tranchées pour que la plupart des naturalistes les aient considérées comme autant d'espèces distinctes.

Les jeunes présentent, surtout dans certaines variétés, des caractères et un facies tout à fait différents de ceux des adultes, et il est indispensable d'avoir un grand nombre d'individus de diverses provenances pour suivre l'espèce dans ses nombreuses évolutions. 385 échantillons, choisis sur au moins 3,000 qui déjà étaient le produit d'un premier triage , servent à indiquer dans la collection de M. Lecoq ces évolutions multipliées.

M. Reeve n'a figuré que des adultes ; plusieurs jeunes individus sont représentés par Duclos (d. Ch.) dans les *Ill. conch.*

24. — OL. PERUVIANA, Lamarck.

Oliva Peruviana, Lam., Ann. Mus., t. XVI, p. 317.
— — Duclos, Mon. Ol., pl. 15, fig. 9-16.
— — — (d. Ch.), Ill. conch., pl. 16, fig. 9-16.
— — Reeve, Conch. icon., pl. 9, fig. 14, a. b. c. d. e.
— *Senegalensis*, Lam.

Hab. : Coquimbo, Copiapo et baie de Callao, Pérou (Cuming). Je ne cite pas Duclos pour la géographie de cette espèce, car il reproduit ici des erreurs depuis longtemps reconnues. On sait que *Ol. Senegalensis*, Lam., n'est qu'une variété de *Ol. Peruviana*, et qu'elle a été établie par suite d'une fausse indication, la coquille dont il s'agit ne se trouvant pas au Sénégal.

Aucune description ne peut faire connaître complétement cette espèce, et c'est surtout pour elle que l'on sent le besoin des figures bien faites. Les citations que nous faisons, soit que l'on étudie Duclos ou M. Reeve, suffisent pour faire déterminer toutes les variétés, excepté, peut-être, une d'elles, couleur lilas, à formes arrondies, régulières, et qui simule un fuseau très-raccourci. Les variétés anguleuses sont très-remarquables, surtout dans les très-vieux individus. Une pareille modification annonce une grande tendance à changer de caractères, et si cette variété se localisait sur un point quelconque et isolé, elle ne tarderait pas à constituer une espèce entièrement distincte.

25. — OL. ANGULATA, Lamarck.

Oliva angulata, Lam., Ann. Mus., t. XVI, p. 310.
    —   —   Duclos, Mon. Ol., pl. 17, fig. 9-10.
    —   —   — (d. Ch.), Ill. conch., pl. 18, fig. 9-10, pl. 34, fig. 7-8.
    —   —   Reeve, Conch. icon., pl. 1, fig. 1, a. b.
Voluta incrassata, Dilwyn.

Hab. : Golfe de Nicoya, Amérique centrale (Cuming). — Réal-Llejos (Jay).

La forme remarquable de cette espèce, sa grande taille et l'épaisseur extrême qu'elle acquiert la rendent facile à distinguer de toutes ses congénères. Elle a beaucoup d'analogie avec *Ol. Julietta*, Duclos, et avec *Ol. Maria*, Nob., mais elle se distingue de l'une et de l'autre, dans l'état adulte, par sa taille plus forte et par ses contours plus anguleux. Les jeunes *Angulata* ressemblent beaucoup aux *Julietta*, mais en diffèrent par leur bord droit tranchant.

M. Reeve donne comme synonyme à cette espèce *Ol. azemula*, Duclos ; ni le dessin, ni la coquille elle-même ne se prêtent à un tel rapprochement. *Oliva azemula*, Duclos, a été faite avec des individus d'espèces diverses, et ceux que cet auteur a figurés se rapportent parfaitement à *Ol. ponderosa*, Duclos, et à *Ol. erythrostoma*, Lam.

26. — OL. MARIA.

Oliva maria, Nob., pl. 2, fig. 26, a. b.

Hab. Californie (Duclos).

» Coq. ovale-oblongue, un peu épaisse, d'un
» blanc jaunâtre ou bleuâtre, bifasciée ; fascies lar-
» ges, interrompues, couleur de rouille ; des lignes
» nombreuses plus pâles, en zig-zag, sur toute la
» surface ; spire élevée, conique, mamelonnée.

» réticulée ; bord droit très-épais, dilaté, légèrement
» réfléchi ; columelle arquée, assez fortement plissée,
» surtout à la partie antérieure, non calleuse,
» blanche antérieurement, violacée à la base ; inté-
» rieur d'un blanc violet très-pâle. »

Rapports et différences.

Cette coquille a des rapports d'ensemble avec certaines variétés d'*Ol. reticularis*, Lam., mais lorsqu'on l'étudie attentivement, c'est avec *Ol. Julietta*,
Duclos, et *Ol. angulata*, Lam., qu'elle paraît avoir
le plus d'analogie. Elle se distingue des unes et des
autres par son ensemble, par la petitesse relative de
sa taille, par la dilatation de son bord droit et par sa
columelle qui est régulièrement arquée.

27. — OL. JULIETTA, Duclos.

Oliva Julietta, Duclos, Mon. Ol., pl. 16, fig. 3-4.
  —   —   — (d. Ch.), Ill. conch., pl. 17, fig. 3-4.
  —   — Reeve, Conch. icon., pl. 9, fig. 15, a. b.

Hab. : Réal-Llejos, Amérique centrale (Cuming).
Cette espèce, quoique voisine de certaines variétés
d'*Ol. reticularis*, Lam . d'*Ol. angutata*, Lam. et
Maria, Nob., s'en distingue avec assez de facilité,
surtout avec l'aide des figures données par Duclos
et M. Reeve.

28. — OL. RETICULARIS, Lamarck.

Oliva reticularis, Lam., Ann. Mus., t. XVI, p. 514.
—   Duclos, Mon. Ol., pl. 9, fig. 5-12.
—   — (d. Ch.), Ill. conch., pl. 10, fig. 5-12.
—   Reeve, Conch. icon., pl. 10; pl. 11, fig. 16, h. i.
— *oriola*, Duclos (non Lam.), Mon. Ol., pl. 10, fig. 1-2.
—   — (d. Ch.), Ill. conch., pl. 11,
    fig. 1-2 et 18-19.
— *Pindarina*, Duclos, Mon. Ol., pl. 16, fig. 7-8.
—   — (d. Ch.), Ill. conch., pl. 12, fig. 10-
    11 et pl. 17, fig. 7-8.
— *fusiformis*, Lam., Ann. Mus., t. XVI, p. 518.
—   Duclos, Mon. Ol., pl. 16, fig. 12-16.
—   — (d. Ch.), Ill. conch., pl. 17, fig. 12-16,
    pl. 56, fig. 15-16.
—   Reeve, Conch. icon., pl. 8, fig. 11, a. b. c.
— *venulata*, Lam., Ann. Mus., t. XVI, p. 513.
—   Duclos, Mon. Ol., p'. 16, fig. 5-6.
—   — (d. Ch.), Ill. conch., pl. 17, fig. 5-6.
— *Timoria*, Duclos, Mon. Ol., pl. 17, fig. 11-13.
—   — (d. Ch.), Ill. conch., pl. 18, fig. 11-13.
— *obesina*, Duclos, Mon. Ol., pl. 16, fig. 9-11.
—   — (d. Ch.), Ill. conch., pl. 17, fig. 9-11.
— *tisiphona*, Duclos (d. Ch.), Ill. conch., pl. 17, fig. 17-18.
— *memnonia*, Duclos (d. Ch.), Ill. conch., pl. fig. 19-20.
— *aldinia*, Duclos (d. Ch.), Ill. conch., pl. 26, fig. 6-7.
— *oniska*, Duclos (d. Ch.), Ill. conch., pl. 52, fig. 7-9.
— *caldania*, — Mon. Ol.,   pl. 6. fig. 5-4.
—   — (d. Ch.), Ill. conch., pl. 7. fig. 5-4.
— *harpularia*, Lam., Ann. Mus., t. XVI, p. 519.
—   Reeve, Conch. icon., pl. 14, fig. 28, a. b.
— *Cumingii*,   —   —   — pl. 11, fig. 19, a. b.
— *araneosa*, Lam. ⎫
— *candida*, Lam. ⎬ Variétés.
— *ustulata*, Lam. ⎭

HAB. : Iles Séchelles, Madagascar, Cuba, la Californie, Panama, Sainte-Hélène, le Chili, la Nouvelle-Guinée, la Nouvelle-Hollande, la Nouvelle-Zélande, le Japon (Duclos). — Indes orientales, Philippines, Océan pacifique (Jay.)

Oliva reticularis est sans contredit l'espèce la plus variable du genre, et nous prévenons les conchyliologistes qu'il faut avoir à sa disposition une collection très-riche, très-nombreuse, pour pouvoir comprendre les réunions que nous proposons.

Suivant le beau travail de M. Reeve que nous avons cherché à compléter, et à l'inverse de ce que nous avons fait pour le premier groupe de ce Catalogue, où nous avons laissé figurer, faute de matériaux suffisants, des espèces douteuses, nous avons réuni ici toutes celles qui nous ont paru mal établies, et qui compliquent l'étude d'une manière si déplorable.

Il fallait, pour un semblable travail, nous le répétons, une collection considérable et une extrême ténacité.

Le type d'*Ol. reticularis*, Lam., est une coquille commune dans les collections et qui se reconnaît à première vue à sa forme particulière, et surtout aux réticulations spirales dont elle est ornée.

Nous pensons, comme M. Reeve, que *Ol. oriola*, Duclos, n'est pas la même que celle de Lamarck, celle-ci se rapportant à *Ol. ispidula*. — Celle de Duclos est une coquille remarquable, qui pourrait peut-être constituer une espèce distincte, mais qui, néanmoins, se rattache par de nombreux rapports à *Ol. reticula-ris*. Nous l'aurions laissé figurer momentanément si son nom eût pu être conservé, mais nous avons reculé devant l'émission d'un nom nouveau et probablement inutile dans la nomenclature.

Ol. Pindarina, Duclos, est une variété curieuse, très-épaisse, violette, un peu roulée et décolorée ; elle est anguleuse et voisine de *fusiformis*.

Ol. fusiformis, Lam., est une coquille qui paraît caractéristique quand on n'a que des *types*, mais on trouve tous les intermédiaires possibles, et nous ne comprenons pas pourquoi M. Reeve n'a pas proposé sa réunion avec *reticularis* comme il l'a fait pour d'autres.

Ol. venulata, Duclos, ne nous paraît pas être la même que celle de Lamarck ; ce sont, en tous cas, deux variétés différentes d'une même espèce. Celle de Duclos a une forme remarquable, courte et obliquement ventrue, et une coloration particulière d'un gris sale qui la fait reconnaître au premier coup-d'œil ; mais, ici encore, tous les intermédiaires existent.

Ol. Timoria, Duclos, est voisine, non du *reticularis type*, comme le pense M. Reeve, mais bien du *fusiformis*, dont elle est distincte par un seul caractère, le raccourcissement de la spire qu'on disait avoir été enfoncée. Elle est très-voisine aussi de *Pindarina*.

Ol. obesina, Duclos, est une des plus singulières variétés : elle est enflée et courte, mais présente bien les caractères de l'espèce.

Ol. Tisiphona, Duclos, est une coquille jeune, dépouillée, et voisine de *Ol. harpularia*, Lam.

Ol. Memnonia, Duclos, est une variété courte, épaisse, à columelle fortement plissée, mais roulée et décolorée.

Ol. Aldinia, Duclos, est grande, épaisse, à spire aiguë, à formes bien entières, mais décolorée.

Ol. Oniska, Duclos, celle-ci, voisine de la précédente, mais ayant quelques différences notables de coloration, se trouve dans le même état de conservation.

Ol. Caldania, Duclos, a été établie avec trois individus jeunes et un peu roulés, chez lesquels les réticulations spirales sont réunies de manière à former de petits points rougeâtres. Le dessin de Duclos est très-inexact.

Ol. harpularia, Lam., a été rétablie à tort, selon nous, par M. Reeve. C'est avec des coquilles dépouillées qu'on a établi cette espèce purement nominale.

Ol. Cumingii, Reeve, ne diffère d'*Ol. araneosa*, Lam., que par la coloration. A l'aide d'un pinceau de l'une nous avons fait l'autre. Nous possédons, au reste, tous les intermédiaires. C'est certainement la variété la plus singulière, mais elle présente les caractères du type. *Ol. araneosa. candida* et *ustulata* de Lam. sont aujourd'hui réunies par la plupart des conchyliologistes à *reticularis*. Il est inutile d'insister.

29. — OL. POLPASTA, Duclos.

Oliva polpasta, Duclos, Mon. Ol., pl. 16, fig. 1-2.
  —   —   —   (d. Ch.), Ill. conch., pl. 17, fig. 1-2.
  —   —   Reeve, Conch. icon., pl. 14, fig. 29, a. b. c.

Hab. : Panama (Duclos). — Baie de Montijà, Veragua, Amérique centrale (Cuming).

Quoique voisine d'*Ol. reticularis* celle-ci est distincte, et présente un facies qui la fait déterminer avec assez de facilité.

30. — OL. LITTERATA, Lamarck.

Oliva litterata, Lam., Ann. Mus., t. XVI, p. 515.
  —   —   Duclos, Mon. Ol., pl. 10, fig. 15-16.
  —   —   —   (d. Ch.), Ill. conch., pl. 11, fig. 15-16.
  —   —   . Reeve, Conch. Icon., pl. 11, fig. 18.

Hab. : Océan des Grandes-Indes (Duclos). — Indes occidentales (Reeve). — Florides, Indes occidentales (Jay).

Cette espèce est encore très-voisine d'*Ol. reticularis*, et c'est à peine si l'on peut la conserver dans les catalogues. Il est probable que l'on trouvera par la suite, entre ces deux formes, de nombreux intermédiaires; déjà nous en possédons quelques-uns qui tendent à les faire réunir.

31. — OL. SCRIPTA, Lamarck.

Oliva scripta, Lam., Ann. Mus., t. XVI, p. 313.
—   —   Duclos, Mon. Ol., pl. 10, fig. 13-14, et pl. 30,
             fig. 5-6.
—   —   —   (d. Ch.), Ill. conch,, pl. 11, fig. 13-14, et
             pl. 32, fig. 5-6.
—   —   Reeve, Conch. icon., pl. 14, fig. 27.

Hab. : Martinique, rade de Fort-Royal (Rang). —
Nouvelle-Hollande (Jay).

Cette coquille est une des plus faciles à déterminer
à cause de la largeur de son sillon spiral qui la fait
ressembler à une *éburne*. Elle est peu variable dans
sa forme et dans ses couleurs, et ne peut être confondue avec aucune autre espèce à nous connue.

32. — OL. MUSTELLINA, Lamarck.

Oliva mustellina, Lam., Ann. Mus., t. XVI, p. 316.
—   —   Duclos, Mon. Ol., pl. 20, fig. 1-2.
—   —   —   (d. Ch.), Ill. conch., pl. 22, fig. 1-2.
—   —   Reeve, Conch. Icon., pl. 13, fig. 23.

Hab. : L'Océan Américain (Duclos). — Singa-
poure (Cuming).

Espèce peu répandue dans les collections. Elle est
caractérisée par sa petite taille qui est peu variable,
par les lignes brunes et en zig-zag dont elle est couverte, et par la couleur violette de son intérieur.

33. — OL. PORPHYRIA, Lamarck.

Voluta porphyria, Linnœus, Systema Naturæ (édit. XII), p. 1187.
Oliva porphyria, Lam., Ann. Mus., t. XVI, p. 309.
—   —   Duclos, Mon. Ol., pl. 24 tout entière.
—   —   — (d. Ch.), Ill. conch., pl. 26, fig. 1-5.
—   —   Reeve, Conch. icon. 1, fig. 2, a. b.
Cylinder porphyreticus, d'Argenville.

Hab. : Amérique méridionale, côtes du Brésil, etc. (Duclos). — Panama (Cuming).

La plus grande, la plus belle, la plus facile à reconnaître de toutes les Olives, mais aussi la moins variée.

34. — OL. SPLENDIDULA , Sowerby.

Oliva splendidula, Sow., Tanquerville Catalogue, App., p. 52.
—   —   Duclos, Mon. Ol., pl. 9, fig. 1-2.
—   —   — (d. Ch.), Ill. conch., pl. 10, fig. 1-2.
—   —   Reeve, Conch. icon., pl. 11, fig. 17, a. b.

Hab. : Ile de Tabago, baie de Panama (Cuming).

Cette remarquable espèce a quelques rapports avec *Ol. reticularis* par la disposition des couleurs, et avec *Ol. porphyria* par la forme générale. Elle ressemble aussi beaucoup à une variété de l'*Ol. episcopalis*, Lam., appelée *Ol. emeliodina* par Duclos, mais elle est constamment distincte des unes et des autres.

35. — OL. DUCLOSI, Reeve.

Oliva jaspidea, Duclos (non *Voluta jaspidea*, Gmelin), Mon. Ol., pl. 8, fig. 9-10.

Oliva jaspidea, Duclos (non *Voluta jaspidea*, Gmelin), (d. Ch.),
    Ill. conch., pl. 9, fig. 9-10.
— *Esiodina*,   —   (d. Ch.), Ill. conch., pl. 16, fig. 19-20.
— *Natalia*,   —   —   —   pl. 21, fig. 17-18.
— *Duclosi*, Reeve, Conch. icon., pl. 19, fig. 44. (Octobre 1850).
— *lentiginosa*, Reeve, Conch. icon., pl. 19, fig. 45, a, b.
— *Stainforthii*, —   —   —   pl. 19, fig. 46, a, b.
— *Duclosiana*, Jay, Catalogue of the shells, p. 567, n° 9589.
        (Décembre 1850).

HAB.: Nouvelle Hollande, Tahiti, Nouvelle-Guinée,
Chine (Duclos). — Banguey, île Luçon, Philippines
(Cuming).

Pour cette espèce si jolie et si caractéristique, la
sagacité de M. Reeve a été en défaut. Il suffit, en
effet, d'avoir 6 ou 8 individus bien choisis pour opé-
rer les réunions que nous proposons. Quant à Duclos,
il a agi selon son habitude.

Ol. jaspidea, Duclos, ne peut être adoptée;
Gmelin avait déjà donné ce nom (*Voluta jaspidea*) à
une autre espèce. Celle-ci est un peu conique, à fond
jaunâtre et jaspé de brun. Elle est quelquefois très-
foncée.

Ol. Esiodina, Duclos, est une variété à spire élevée et très-conique, pâle, épaisse, à bord droit très-
épaissi. Ce nom a la priorité, mais il a été imposé
spécialement à une variété peu répandue, et nous
avons cru devoir préférer le nom de M. Reeve.

Ol. natalia, Duclos, est une *Ol. Duclosi type*,
qui a été roulée et décolorée. La figure qu'il en donne
a été grandie, rougie et embellie à plaisir.

Ol. lentiginosa, Reeve, est une coquille pâle ; il suffit de regarder attentivement la columelle pour se convaincre que ce n'est qu'une variété de *Ol. Duclosi*. On trouve fréquemment des individus qui sont mi-partie *Duclosi*, mi-partie *lentiginosa*. Il en est de même pour *Ol. Stainforthii*, qui est en même temps pâle et ventrue, et dont la spire est moins élevée.

36. — OL. OZODONA, Duclos.

Oliva ozodona, Duclos, Mon. Ol., pl. 5, fig. 19-20.
    —   —   —   (d. Ch.), Ill. conch., pl. 6, fig. 19-20.
    — *nitidula*, Duclos, (non Desh.,) Mon. Ol., pl. 10, fig. 3-4.
    —   —   —   (d. Ch.), Ill. conch., pl. 11, fig. 3-4.
    — *paxillus*, Reeve, Conch. icon., pl. 21, fig. 56, a. b.

HAB. : Mers du Japon (*ozodona*), Nouvelle-Hollande *(nitidula)* (Duclos).

On a quelquefois de la peine à s'expliquer, quand on étudie les individus qui ont servi à l'œuvre de Duclos et de son dessinateur, on a peine, disons-nous, à s'expliquer les erreurs de l'un et la négligence de l'autre.

Ol. ozodona est une variété fortement colorée, *nitidula* une variété presque blanche, figurée par M. Reeve sous le nom d'*Ol. paxillus*. Les dessins de Duclos sont inexacts : dans *azodona*, le facies général est détruit ; dans *nitidula* les plis columellaires sont grossis et le nombre en est augmenté. Le nom de *nitidula* ne pouvait être adopté pour cette espèce, ayant déjà été imposé à une autre.

Ol. ozodona, Duclos, a beaucoup de rapports avec
de jeunes variétés d'*Ol. reticularis*, et avec certaines
variétés d'*Ol. Duclosi.* Elle s'en distingue par un facies un peu différent, par sa forme générale plus anguleuse. Elle est très-luisante, un peu enflée postérieurement ; sa spire est saillante, conique ; son bord
droit est épaissi, anguleux ou sinueux ; l'intérieur est
coloré, jaune ou bleuâtre ; la base de sa columelle a
deux plis et non trois. Ce dernier caractère a été détruit dans les dessins de Duclos *(Ol. nitidula)*, bien
qu'il soit très-saillant sur la coquille qui a servi de
modèle au dessinateur. Il existe une variété à fond
blanchâtre, couverte de petites réticulations couleur
de rouille, et qui la font ressembler, comme le dit
M. Reeve, à *Conus reticulatus*, Sowerby.

37. — OL. FLAMMULATA, Lamarck.

Oliva flammulata, Lam., Ann. Mus., t. XVI, p. 314.
    —   —   Duclos, Mon. Ol., pl. 8, fig. 17-20, pl. 50,
                        fig. 3-4.
    —   —   —   (d. Ch.), Ill. conch., pl. 9, fig. 17-
                        20, 23-24, pl. 52, fig. 3-4.
    —   —   Reeve, Conch. icon., pl. 19, fig. 41.
    — *aniomina*, Duclos, Mon. Ol., pl. 8, fig. 1-2.
    —   —   —   (d. Ch.), Ill. conch., pl. 9, fig. 1-2.
    — *Siamensis*, Duclos (d. Ch.), Ill. conch., pl. 6, fig. 21-22.
    — *eridona*, Duclos (d. Ch.), Ill. conch., pl. 9, fig. 21-22.

HAB. ; Sénégal *(flammulata)*, mers du Japon *(aniomina)*, Cochinchine *(Siamensis)*, Australie *(eridona)*
(Duclos). — Indes occidentales (Reeve).

Le type de cette espèce est bien connu, mais certaines variétés , rares dans les collections, sont d'une détermination difficile.

Ol. aniomina, Duclos, est une variété à larges fascies, et complétement dépouillée ; *Ol. Siamensis*, Duclos, est basée sur un seul individu couleur lilas, mais jeune et dépouillée ; *Ol. eridona*, Duclos, est une variété complétement brune. L'individu figuré par Duclos est roulé , mais nous en possédons qui sont dans un parfait état de conservation.

38. — OL. KALEONTINA, Duclos.

Oliva kaleontina, Duclos , Mon. Ol., pl. 8, fig. 7-8.
   —   —   —   (d. Ch.), Ill. conch., pl. 9, fig. 7-8.
   —   — Reeve, Conch. icon., pl. 20, fig. 49.

Hab. : Nouvelle-Hollande (Duclos). — Baie de Guayaquil, îles Gallapagos (Cuming).

Cette espèce ne peut être confondue avec aucune de celles que nous connaissons. Elle a un facies qui la fait reconnaître à première vue.

39. — OL. BRODERIPII.

Oliva Broderipii, Nob., Atl., pl. 2, fig. 59, a. b.

Hab. Inconnu.

» Coq. ovale, oblongue, un peu renflée au mi-
» lieu, légèrement atténuée aux deux bouts, sub-
» biconique, épaisse ; spire conique, réticulée ; sil-
» lon médiocre ; suture distincte ; grisâtre ou jaunâ-
» tre, couverte de lignes brunes ou fauves longitudi-

» nales, grenues, plus ou moins confluentes, lais-
» sant entre elles de très-petites lacunes jaunâtres
» ou grisâtres trigones ; ces lignes, qui marquent
» les développements successifs de la coquille, sont
» très-foncées le long du sillon , et alternent avec
» des petites lacunes blanches ; columelle régulière-
» ment arquée , fortement plissée , formant avec le
» bord gauche un angle assez régulier , non calleuse ;
» bord droit arqué ; intérieur blanc violacé. »

Rapports et différences.

Cette coquille se rapproche de certaines variétés
de *Ol. reticularis*, dont elle est néanmoins bien distincte , et présente un mode de coloration analogue
à celui d'*Ol. kaleontina*. — Nous la dédions au savant
conchyliologiste M. Brodérip.

40. — OL. AUSTRALIS, Duclos.

Oliva australis, Duclos, Mon. Ol., pl. 8, fig. 3-4.
—   —   — (d. Ch.), Ill. conch., pl. 9, fig. 3-4, pl.
          10, fig. 13-16.
—   —   Reeve , Conch. icon., pl. 19, fig. 42, a. b.

Hab. Ile Saint-Pierre (Duclos).
Jolie coquille et bonne espèce. Elle est voisine
d'*Ol. flammulata*, Lam.; *panniculata*, Duclos;
stelleta, Duclos, mais s'en distingue assez aisément.
Elle est rare dans les collections ; elle passe fréquemment à l'albinisme.

41. — OL. PANNICULATA, Duclos.

Oliva panniculata, Duclos, Mon. Ol., pl. 5, fig. 15-18.
— — — (d. Ch.), Ill. conch., pl. 6, fig. 15-18.
— — Reeve, Conch. icon., pl. 16, fig. 77.

Hab. Madagascar (Duclos).

Très-jolie et très-variable espèce, voisine d'*Ol. ozodona*, Duclos ; *Duclosi*, Reeve ; *australis*, Duclos, etc. Les figures et les descriptions données par Duclos et par M. Reeve, prouvent que ces deux naturalistes ne l'ont connue que très-imparfaitement. Ces figures et ces descriptions se rapportent à une variété pâle, mince et allongée, très-différente du type, avec lequel on ne peut la réunir qu'à l'aide d'une nombreuse série d'individus.

Ol. panniculata est une coquille variable pour la forme et pour la couleur, généralement épaisse, solide, brillante, quelquefois très-colorée, comme *Ol. Duclosi*, quelquefois blanchâtre ou même blanche, comme dans certaines variétés d'*ozodona* et d'*australis* ; sa columelle, voisine de celle d'*Ol. Duclosi*, varie assez fortement, mais le caractère le plus ordinairement saisissable est une fascie en guirlande, ou par petits rectangles, qui tourne avec la spire et borde le sillon.

42. — OL. STELLETA, Duclos.

Oliva stelleta, Duclos, Mon. Ol., pl. 8, fig. 11-12.
— — — (d. Ch.), Ill. conch., pl. 9, fig. 11-12.

Oliva tigridella, Duclos, Mon. Ol., pl. 8, fig. 15-16.
—   —   — (d. Ch.), Ill. conch., pl. 9, fig. 15-16.
— *olorinella*, Duclos, Mon. Ol., pl. 6, fig. 15-16.
—   —   — (d. Ch.), Ill. conch., pl. 7, fig. 15-16.
— *ispidula* (part.), Duclos, Mon. Ol., pl. 7, fig. 6, 7, 9, 10.
—   —   —   — (d. Ch.), Ill. conch., pl. 8, fig. 6, 7, 9, 10.
—   — (part.), Reeve, Conch. icon., pl. 17, fig. 34, a. h. k.
— *egira*, Duclos (d. Ch.), Ill. conch., pl. 5, fig. 24-25.

HAB. : Mers des Indes, Chine, Japon, Java, Phi-lippines, Tahiti, etc. (Duclos).

Nous avons fait pour cette espèce et pour la suivante, comme pour *Ol. reticularis*, Lam., et ses variétés, des recherches longues, minutieuses, et nous pensons, contrairement à M. Reeve, qu'il est possible d'admettre celle qui nous occupe aux dépens de l'*ispidula* des auteurs.

Quand on étudie attentivement une grande quantité d'*Ol. ispidula*, on ne tarde pas à remarquer, malgré la variété extrême des formes et des couleurs, que deux de ses formes principales se montrent constamment distinctes, avec un facies différent, et si l'on poursuit la distinction on ne tarde pas à avoir deux espèces qui, quoique très-voisines, diffèrent sur presque tous les caractères essentiels. Les dessins de Duclos et de M. Reeve le prouvent, au reste, surabondamment. Y a-t-il maintenant, entre ces deux formes, des passages bien gradués? Sur au moins 6,000 échantillons que nous avons scrupuleusement étudiés, nous n'en avons pas trouvé de traces.

Les dessins de Duclos, pour *Ol. stelleta* et *tigridella*, ont été faits à l'aide d'individus exceptionnels, et les citations que nous faisons de son livre, prouvent qu'à notre point de vue ce naturaliste ne comprenait même pas les espèces qu'il établissait. Il y avait pourtant dans sa belle collection tous les matériaux désirables.

Ol. stelleta, Duclos (non *stellata*), est une coquille adulte, relativement épaisse, très-variée de couleur, le plus souvent à fond jaunâtre, zonée de brun ou de noir; presque toujours ces zones, brunes ou noires, continues ou interrompues, plus ou moins larges, sont dans le sens de la longueur, et marquent les développements successifs de la coquille; quelquefois entièrement brune ou noire.

Ol. tigridella, Duclos. Variété marquée d'une multitude de petites macules, mais ayant tous les caractères spécifiques du type.

Ol. olorinella, Duclos. Magnifique variété d'un blanc de porcelaine.

Ol. egira, Duclos. Semblable au type, mais moins adulte, un peu roulée et un peu décolorée.

Oliva stelleta, Duclos, comme nous la comprenons, a le test plus fin, les dessins plus délicats, plus élégants, plus finis, moins variés que *Ol. ispidula*. Elle est presque toujours fasciée en long, *ispidula* presque

toujours dans le sens de la spire , laquelle est généralement plus élevée et plus réticulée.

Tout conchyliologiste un peu exercé reconnaîtra ,
à l'aide de nos citations, l'espèce qui nous occupe ,
mais il est surtout un caractère de forme qui doit ôter
presque toute difficulté.

Ol. stelleta est moins cylindrique , plus atténuée à
la base. Sa columelle est plus rectiligne , moins gib-
beuse, et cette columelle présente , avec le bord gauche , un angle aigu d'une remarquable régularité , ce
qui n'a pas lieu dans *ispidula*.

Les dessins de M. Reeve sont d'une grande exactitude. Il est malheureux que toutes ces coquilles ne
soient pas figurées dans les deux sens, et ne montrent
pas leur columelle , qui prouverait elle-même l'exactitude de nos citations.

43. — OL. ISPIDULA. Lamarck.

Voluta ispidula , Linnæus, Syst. Nat., (édit XII), p. 1188.
Oliva ispidula , Lam., Ann. Mus., t. XVI, p. 521.
    —   —   Duclos. Mon. Ol., pl. 7, fig. 1, 2, 3, 4, 5, 8, 11,
           12, 13, 14, 15, (non 6, 7, 9, 10).
    —   —   — (d. Ch.), Ill. conch., pl. 8, fig. 1, 2, 3,
           4, 5, 8, 11, 12, 13, 14, 15, 16. 17,
           18, (non 6, 7, 9, 10).
    —   —   Reeve , Conch. icon., pl. 17, fig. 34, b. c. d. e.
           f. g. i. (non a. h. k.).
— *flaveola*, Duclos, Mon. Ol., pl. 6, fig. 17-20.
    —   —   — (d. Ch.), Ill. conch., pl. 7, fig. 17-20.
— *oriola* , Lam., (non Duclos). Var.

Hab. : Mers des Indes, Philippines, Océanie, etc. (Auct.).

Nous avons dit, au sujet de l'espèce précédente, quels sont les caractères qui les distinguent l'une de l'autre.

Ol. flaveola, Duclos, est absolument semblable au type quant à la forme. Elle est jaune ou orangée, et sans taches.

Ol. oriola, Lam., est une variété brune qu'il ne faut pas confondre avec l'*oriola* de Duclos. Celle-ci appartient au type *reticularis*.

41. — OL. JAYANA.

Oliva Jayana, Nob., Atl., pl. 2, fig. 44, a. b.

Hab. Océanie (Duclos).

« Coq. ovale-oblongue, subcylindrique, mince;
» spire courte. tours aplatis; bifasciée; jaune ou
» jaunâtre, couverte d'une multitude de dessins fau-
» ves, laissant entre eux des lacunes trigones ou en
» losange; fascies violettes, à peine visibles, inter-
» rompues; columelle sinueuse, irrégulièrement
» plissée, mince; bord droit peu épais; intérieur
» zoné de violet et de blanchâtre. »

Coquille bien voisine d'*Ol. ispidula*, et, il faut le dire, pour nous douteuse. M. Reeve a figuré, pl. 17, fig. 34, c., une curieuse variété d'*Ol. ispidula* qui ressemble beaucoup à notre coquille et qui est abondante

dans notre collection, mais qui présente les mêmes
caractères de forme que le type. Celle qui nous occupe s'en distingue, dans le petit nombre d'individus
que nous possédons, par le peu de développement de
la columelle et par la légèreté et la demi-transparence
du test.

Nous la dédions à M. Jay, l'auteur du savant *Catalogue of shells*.

45. — OL. CALOSOMA, Duclos.

Oliva calosoma, Duclos, Mon. Ol., pl. 26, fig. 1-2.
    —   —   —   (d. Ch.), Ill. conch., pl. 28, fig. 1-2.

HAB. Les mers de la Chine (Duclos).

Espèce extrêmement remarquable et singulièrement caractéristique par sa forme enflée, par les
plis nombreux, réguliers et profonds de sa columelle,
et par son mode de coloration.

La figure donnée par Duclos est bien suffisante pour
la faire reconnaître. Nous avons une variété entièrement blanche, et qui simule l'ivoire à s'y méprendre.

46. — OL. SIDELIA, Duclos.

Oliva sidelia, Duclos, Mon. Ol., pl. 19, fig. 1-2.
    —   —   —   (d. Ch.), Ill. conch., pl. 21, fig. 1-2.

HAB. Nouvelle-Guinée (Duclos).

Cette espèce est bien voisine d'*Ol. lepida*, *Volvarioides*, etc., mais son mode de coloration, exacte-

ment indiqué par les dessins de Duclos , nous ont dé-
cidé à la conserver sur ce Catalogue.

17. — OL. VOLVARIOIDES , Duclos.

Oliva Volvarioides, Duclos, Mon. Ol., pl. 25, fig. 11-14.
  —   —   — (d.Ch.), Ill.conch., pl. 27, fig. 11-14.
  —   — Reeve, Conch. icon., pl. 22, fig. 59.

Hab. Madagascar (Duclos).

M. Reeve ne figure qu'un individu brun, mais il en
existe, rarement à la vérité , de diverses couleurs, notamment à fond jaunâtre et à fascies brunes ou fauves.

18. — OL. LEPIDA , Duclos.

Oliva lepida, Duclos , Mon. Ol., pl. 25, fig. 15-20.
  —   —   — (d. Ch.), Ill. conch., pl. 27, fig. 15-20.
  — *Athenia*, (part.), Duclos, Mon. Ol., pl. 26, fig. 19-20.
  —   —   —   — (d. Ch.), Ill. conch., pl. 28, fig.
              19-20.
  — *todosina*, Duclos, Mon. Ol., pl. 25, fig. 9-10.
  —   —   — (d. Ch.), Ill. conch., pl. 27, fig. 9-10.
  — *carneola*, (part.), Reeve, Conch. icon., pl. 22, fig. 60, a.
             b. f.

Hab. : Mariannes (Duclos). — Californie *(Todo-*
sina) (Duclos).

Très-jolie espèce voisine de *carneola* et de *Volva-*
rioides , peu variable quant à la forme, mais passant,
comme les deux espèces auxquelles nous la comparons, du blanc pur au brun rouge. M. Reeve la
considère comme une variété jeune de *carneola*, mais

elle en est constamment distincte par sa columelle à
plis plus fins, plus réguliers, plus nombreux, plus
distincts; par sa forme générale plus cylindrique, et
par la disposition de ses couleurs. En effet, dans *Ol.
lepida* (excepté les variétés brunes), il y a toujours
une zone blanche ou blanchâtre sur le dernier tour et
bordant le sillon spiral, caractère bien marqué dans
les dessins mêmes de M. Reeve, et qui n'existe pas
dans *Ol. carneola.*

Elle est plus voisine de *Volvarioides*, mais elle
s'en distingue, dans les nombreux individus que nous
comparons, par sa taille plus grande, par sa forme
moins effilée, par sa columelle moins sinueuse; par
sa couleur généralement blanchâtre ou rosée, ornée
de 3 fascies plus ou moins intenses, brunes, rougeâtres ou légèrement violacées. Ces fascies composées
de lignes ou de macules, et plus ou moins interrompues, sont réunies entre elles par une multitude d'autres lignoles de même couleur mais beaucoup moins
intenses. *Ol. Volvarioides* est presque toujours d'un
brun chocolat uniforme. Il est néanmoins possible que
l'étude d'un plus grand nombre d'individus de localités diverses autorise la réunion de *lepida et de Volvarioides*, qui resteront probablement distinctes,
l'une et l'autre, de *carneola.*

Duclos donne à tort deux individus de cette espèce
comme appartenant à son *Ol. athenia. Ol. todosina* n'en est aussi qu'une variété fortement colo-

réc, et n'appartient pas à *carneola* comme le pense
M. Reeve.

49. — OL. ATHENIA , Duclos.

Oliva Athenia, Duclos, Mon. Ol., pl. 26, fig. 17-18, (non 19-20).
—   —   —   (d. Ch.), Ill. conch., pl. 28, fig. 17-18,
(non 19-20).

HAB. Chine (Duclos).

M. Reeve considère à tort cette coquille comme
une variété d'*Ol. carneola*. Elle en est parfaitement
distincte.

Les fig. 19-20 que nous supprimons appartiennent
à *Ol. lepida*.

50. — OL. TESSELLATA . Lamarck.

Oliva tessellata. Lam., Ann. Mus., t. XVI, p. 520.
—   —   Duclos, Mon. Ol., pl. 27, fig. 1-4.
—   —   — (d. Ch.), Ill. conch., pl. 29, fig. 1-4.
—   —   Reeve, Conch. icon., pl. 20, fig. 58.
Cylindrus tigrinus, Meuschen.
Voluta tigrina, Schrœter.

HAB. : Nouvelle-Hollande (Duclos). — Ile Ticao,
Philippines (Cuming).

La forme générale de cette coquille , sa spire empâtée, sa couleur jaunâtre, les macules dont elle est
parsemée et sa bouche violette la font reconnaître sans
difficulté. Elle a une certaine analogie avec *Ol. guttata*. Lam.

51. — OL. CARNEOLA, Lamarck.

Oliva carneola, Lam., Ann. Mus., t. XVI, p. 321.
—   —   Duclos , Mon. Ol., pl. 26, fig. 5-16.
—   —   — (d. Ch.), Ill. conch., pl. 28, fig. 5-16.
—   —   Reeve, Conch. icon., pl. 22, fig. 60, c. d. e. (non
a. b. f.).

Hab : Java , la Nouvelle-Hollande (Duclos). —
Philippines (Cuming).

Espèce bien distincte et assez commune dans les
collections. Elle présente une multitude de variétés,
mais ces variétés, et depuis leur jeune âge jusqu'à
l'état adulte, ont des caractères qui les font reconnaître aisément.

M. Reeve joint à cette espèce deux coquilles qui
en sont parfaitement distinctes, l'une, *Ol. todosina*,
que nous regardons comme une variété de *Ol. lepida ;*
l'autre, *Ol. Athenia*, que nous croyons distincte de
toutes ses congénères.

Au reste, comme nous l'avons déjà fait observer,
M. Reeve figure, pl. 22, sous le nom de *Ol. carneola*,
deux coquilles qui appartiennent à *Ol. lepida*, et
qui expliquent la synonymie donnée par cet auteur.

52. — OL. CAROLINIANA, Duclos.

Oliva Caroliniana, Duclos, Mon. Ol., pl. 19, fig. 5-8.
—   —   — (d. Ch.), Ill. conch., pl. 21, fig. 5-8.

Hab. : Iles Carolines (Freycinet), d'après Duclos.

Bonne et caractéristique espèce, et présentant un facies propre à la faire reconnaître aisément de toutes ses congénères. Elle a des rapports nombreux avec *Ol. inflata*, mais, sous d'autres rapports, elle se rapproche d'*Ol. episcopalis*. M. Reeve la considère à tort comme une variété de l'*Ol. bulbiformis*. Les dessins de Duclos sont assez exacts, et nous engageons M. Reeve à regarder attentivement la columelle et l'intérieur de la bouche.

Elle est épaisse, un peu enflée ; sa columelle est épaisse, calleuse, et subgibbeuse, et l'intérieur est violet. Toute la surface de la coquille est maculée, entre les fascies, de points arrondis et comme nébuleux.

53. — OL. GUTTATA, Lamarck.

Oliva guttata, Lam., Ann. Mus., t. XVI, p. 315 (1810).
Voluta cruenta, Dilwyn, Catalogue of shells, v. I, p. 514 (1816).
Oliva maculata, Duclos, Mon. Ol., pl. 15, fig. 1-6.
  — *guttata*,   — (d. Ch.), Ill. conch., pl. 16, fig. 1-6 et
       17-18.
  — *mantichora*, Duclos, Mon. Ol., pl. 15, fig. 7-8.
  —   —   — (d. Ch.), Ill. conch., pl. 16, fig. 7-8.
  — *cruenta*, Reeve, Conch. icon., pl. 14, fig. 30, a. b. c. d.
  — *leucophœa*, Lam. Var.

HAB. : Madagascar, Nouvelle-Hollande, Chine, Grandes-Indes, Californie (Duclos). — Zanzibar, Afrique orientale, Thorn (Jukes). — Ile Siquijora, Philippines, îles de la Société (Cuming).

Espèce bien connue, facile à déterminer et très-abondante dans les collections où elle est recherchée pour sa beauté et sa variabilité.

Ol. mantichora, Duclos, est une variété assez fréquente, dont le dernier tour est fortement cariné et comme bossu.

Tout le monde sait aujourd'hui que *Ol. leucophæa* de Lam., est une variété albinos de cette espèce.

M. Reeve a le tort, ici, de préférer le nom de Dilwyn, qui est moins ancien que celui de Lamarck.

54. — OL. EPISCOPALIS, Lamarck.

Oliva episcopalis, Lam., Ann. Mus., t. XVI, p. 313.
—   —   Duclos, Mon. Ol., pl. 10, fig. 11-12.
—   —   — (d. Ch.), Ill. conch., pl. 11, fig. 11-12.
—   —   Reeve, Conch., icon., pl. 13, fig. 24, a. b. c. d.
— *lugubris*, Lam., Ann. Mus., t. XVI, p. 317.
—   —   Duclos, Mon. Ol., pl. 10, fig. 5-6.
—   —   — (d. Ch., Ill. conch., pl. 11, fig. 5-6.
— *emeliodina*, Duclos (d. Ch.), Ill. conch., pl 21, fig. 19-20.

HAB. : Mers de l'Inde, Cochinchine (Duclos). — Australie (Jukes). — Nouvelle-Hollande (Jay).

Cette coquille est une des plus belles et des mieux connues du genre; elle se fait remarquer par la belle couleur violette de son ouverture. *Ol. lugubris* en est une variété à teintes sombres. *Ol. emeliodina*, Duclos, a une forme tellement particulière qu'on a d'abord de la peine à la rapporter à *Ol. episcopalis*, quoiqu'elle appartienne bien à cette espèce. Elle a quelque ressemblance avec *Ol. splendidula*.

Nota. Nous avons cherché, dans ce Catalogue, à grouper les espèces selon certaines analogies de formes et de couleurs. Que le lecteur veuille bien supposer un cercle fermé après cette espèce, de manière à ce qu'elle avoisine *Ol. textilina*, ou mieux *Ol. Atalina*, avec laquelle elle a de nombreux rapports, et il aura une idée de notre tentative de groupement. C'est tout ce que nous avons pu imaginer pour corriger un peu le vice des classifications linéaires. A partir de cette espèce, notre travail, sous le rapport du groupement, est devenu d'une difficulté plus grande encore, insurmontable pour nous.

Nous devons dire aussi que nous avons été gêné par l'espace, ne voulant pas faire, tant que possible, tenir la même espèce dans plusieurs tiroirs. L'ordre indiqué ici est absolument le même que nous avons suivi dans l'arrangement des individus de la collection.

55. — OL. BRASILIENSIS, Chemnitz.

Oliva Brasiliensis, Chemn., Conch. cab., vol. X, pl. 147, fig. 1567, 1568.
— *Brasiliana*, Lam., Ann. du Mus., t. XVI, p. 522.
—   —   Duclos, Mon. Ol., pl. 29, fig. 1-5; pl. 33, fig. 5-6.
—   —   Duclos, (d. Ch.), Ill. conch., pl. 51, fig. 1-5 et 10, et pl. 55, fig. 5-6.
— *Brasiliensis*, Reeve, Conch. icon., pl. 8, fig. 15, a. b.
Voluta pinguis, Dilwyn.

HAB. : Rio-Janeiro, Maldonado, baie de San-Blas (Duclos). — Brésil (Cuming).

Coquille caractéristique, mais ayant, malgré sa forme particulière, beaucoup d'analogie avec la suivante.

Nous ferons aussi remarquer son analogie avec

d'autres espèces que leur petitesse nous a fait placer dans un groupe à part ; telles sont *Ol. nana*, Lam., *millepunctata*, Duclos.

56. — OL. GIBBOSA, Deshayes.

Voluta utriculus (part.)? Gml., Syst. nat.
— *gibbosa*, Born , Mus. Vind., p. 215.
Oliva cingulata, Chemnitz.
— *utriculus*, —
— — Lam., Ann. Mus., t. XVI, p. 523.
— — Duclos, Mon. Ol., pl. 17, fig. 1, 2, 5, 7, 8 (non 5-4).
— — — (d. Ch.), Ill. conch., pl. 18, fig. 1, 2, 5, 7, 8 (non 3, 4, 14, 15).
— *gibbosa*, Deshayes (d. Lam.), Hist. an. s. v., t.10, p. 624 (note).
— — Reeve, Conch. icon., pl. 8, fig. 12, a. b.

HAB. : Océan Indien, Ceylan particulièrement, et beaucoup d'autres localités (Duclos). — Afrique (Reeve).

Nous croyons douteuses les indications géographiques de Duclos. Cette coquille est commune, elle présente quelques variétés de couleur et de forme, mais change surtout d'aspect quand elle est dépouillée de sa couche supérieure. — Duclos lui réunissait l'espèce suivante.

57. — OL. NEBULOSA, Lamarck.

Oliva nebulosa, Lam., Hist. d. an. sans vertèbres (édit. Deshayes). t. 10, p. 628.

Oliva utriculus (junior), Duclos, Mon. Ol., pl. 17 , fig. 3-4.
   —   —   —   — (d. Ch.), Ill. conch., pl. 18 ,
        fig. 3-4 et 14-15.
— *acuminata* (part.), Duclos , Mon. Ol., pl. 12 , fig. 3.
   —   —   —   — (d. Ch.), Ill. conch. , pl. 13 ,
        fig. 3.
— *subulata* ,   —   —   Mon. Ol., pl. 12, fig. 7.
   —   —   —   — (d. Ch.), Ill. conch, pl. 13 ,
        fig. 7.
— *nebulosa* , Reeve , Conch. icon., pl. 16 , fig. 52, a. b.

Hᴀʙ. Sénégal (Ed. Verreaux).

Duclos considérait cette coquille comme le jeune
âge de la précédente. Quoique voisines , ces deux
formes nous ont paru distinctes et nous les avons sé-
parées à l'exemple de Lamarck et de M. Reeve , nous
appuyant d'ailleurs sur les propres individus de la
collection de Duclos. Ce naturaliste , malgré tous ses
efforts , n'avait pu trouver de passages entre les deux
espèces. — On voit en outre , par notre synonymie ,
dans quel déplorable désordre ce naturaliste a plongé
la nomenclature.

58. — OL. BARTHELEMYI.

Oliva acuminata (part.), Duclos (non Lam.), Mon. Ol., pl. 12 ,
        fig. 1-2.
  —   —   —   —   — (d. Ch.), Ill. conch.,
        pl. 13 , fig. 1-2.
— *Barthelemyi*, nob., pl. 5 , fig. 58 , a. b.

Hᴀʙ. Java (Duclos).

» Coq. ovale-allongée , acuminée , peu épaisse ,

» à spire élevée, régulièrement conique, aiguë, à
» tours aplatis , marquetés, le long du sillon, de
» blanc et de noir ; bord droit légèrement sinueux ,
» tranchant, un peu épaissi à sa partie supérieure ;
» plis columellaires peu nombreux, peu profonds,
» existant seulement à la base, un peu contournés et
» comme tordus sur eux-mêmes ; — grise , bleuà-
» tre ou blanchâtre , marquetée d'une multitude
» de petits triangles ou de petits losanges blancs ,
» bordés de brun ou de fauve ; columelle blanche ;
» bouche blanc-livide. »

Pour peu qu'on ait l'habitude d'étudier les coquilles , on ne tarde pas à s'apercevoir, en examin-
nant attentivement les figures de la planche 12 de
Duclos , que les deux premières appartiennent à une
espèce différente de toutes les autres , et l'on est
étonné que leur forme particulière n'ait pas frappé
tous les yeux. Pour nous , nous la croyons distincte
de toutes ses congénères.

Rapports et différences.

Voisine d'*Ol. nebulosa , acuminata , subulata* et
hiatula de Lam., cette coquille a des caractères com-
muns avec ces espèces , mais se distingue suffisamment des unes et des autres.

Sa spire est plus allongée, plus régulièrement conique , et le point d'insertion des tours est à peine
visible et ne dessine pas de suture ou de bourrelet ;

cette spire, ainsi que la partie postérieure du callus columellaire, est teinte de rouge violâtre ou carné, comme dans *Ol. nebulosa et gibbosa*. Les plis columellaires sont moins fins, mais disposés à peu près de la même manière que dans *Ol. hiatula* et *testacea*, seulement ils sont blancs. Enfin ces plis sont moins nombreux et moins saillants dans *Ol. subulata* et *acuminata*, et elle est plus allongée et moins cylindracée que ces deux espèces.

Nous la dédions à notre savant collègue **M. Barthélemy Lapommeraye**, directeur du musée d'histoire naturelle de Marseille.

59. — OL. ACUMINATA, Lamarck.

Oliva acuminata, Lam., Ann. Mus., t. XVI, p. 525.
— — Duclos, Mon. Ol., pl. 12, fig. 4 et 9 (non 1, 2, 3, 5, 6, 7).
— — — (d. Ch.), Ill. conch., pl. 13, fig. 4, 9, 14, 15, 16 (non 1, 2, 3, 5, 6, 7, 13).
— — Reeve, Conch. icon., pl. 16, fig. 33, a. b. c. e.
— *subulata* (part.), Duclos, Mon. Ol., pl. 12, fig. 8; pl. 30, fig. 1-2.
— — — — (d. Ch.), Ill. conch., pl. 13, fig. 8, pl. 32, fig. 1-2.
— *luteola*, Lam., Var. junior.

Hab. : Java (Lamarck, Duclos, Jay); Sénégal, côtes nord-ouest de l'Afrique (Reeve).

Cette espèce et la suivante sont quelquefois peu faciles à différencier, et les auteurs ne sont pas d'accord sur leur géographie. *Ol. acuminata* est plus pointue, plus pesante que *subulata*.

Comme on le voit par nos citations, Duclos, qui se vantait d'avoir débrouillé ces espèces et leur synonymie, avait introduit dans leur étude un incroyable désordre. — Les fig. 1-2 de sa planche 12, *Mon. Ol.* (et 13, *Ill. conch.*), ne conviennent ni à *Ol. acuminata* ni à *subulata*. La coquille qu'elles représentent constitue une espèce distincte que nous donnons dans ce catalogue, au n° 58, sous le nom d'*Ol. Barthelemyi*.

60. — OL. SUBULATA, Lamarck.

Oliva subulata, Lam., Ann. Mus., t. XVI, p. 524.
— — Duclos, Mon. Ol., pl. 12, fig. 5-6 (non 7, 8, 9).
— — — (d. Ch.), Ill. conch., pl. 13, fig. 5-6 (non 7, 8, 9).
— — Reeve, Conch. icon., pl. 16, fig. 35, d.
— *acuminata* (part.), Duclos (d. Ch.), Ill. conch., pl. 13, fig. 15 (Var. junior).

Hab. : Gambie (Duclos), Bencoolen, côtes ouest de Sumatra (Cuming). — Philippines, Java (Jay).

Voy. la note de l'espèce précédente.

61. — OL. TESTACEA, Lamarck.

Oliva testacea, Lam., Ann. Mus., t. XVI, p. 524.

Oliva hiatula (part.), Duclos, Mon. Ol., pl. 5, fig. 13-14 (non 15-16).

—   —   —   — (d. Ch.), Ill. conch., pl. 5, fig. 15-14 (non 15-16).

— *testacea*   —   — (d. Ch.), Ill. conch., pl. 5, fig. 17-18 (non 19-20).

—   —   Reeve, Conch. icon., pl. 18 , fig. 55, a. b.

Hab. : Mexique, Nouvelle-Hollande (Duclos). — Real-Llejos, Mexico (Cuming). — Panama (Jay).

Dans sa *première monographie,* Duclos confond et figure, sous le nom d'*Ol. hiatula*, trois espèces bien distinctes, *hiatula*, *testacea*, et une autre nouvelle et innommée ; plus tard, dans les *Illust. conch.,* il donne à la véritable *hiatula* le nom d'*agaronia (l'Agaron d'Adanson)*, à *testacea* celui d'*hiatula*, réservant ce nom de *testacea* à l'espèce inédite. En rectifiant cette pitoyable synonymie, M. Reeve s'est trouvé obligé de donner un nom à cette dernière coquille, et il l'a nettement caractérisée sous celui d'*Ol. Steeriæ*.

Ol. testacea est plus épaisse, plus solide, plus ortement striée, plus grande que l'espèce suivante.

62. — OL. HIATULA, Lamarck.

Voluta hiatula, Gmelin, Syst. nat., p. 5442.

Oliva hiatula (Var. b.), Lam., Ann. Mus., t. XVI, p. 525.

—   —   Duclos, Mon. Ol., pl. 5, fig. 15-16 (non 13-14), pl. 4, fig 17-18 (non 19-20), pl. 4 bis, fig. 17-19.

Oliva hiatula, Duclos (d. Ch.), Ill. conch., pl. 5 , fig. 15-16
(non 13-14), pl. 4, fig. 17-18 (non
19-20), pl. 5, fig. 17-19.
—   —   Reeve, Conch. icon., pl. 18 , fig. 53 , a. b.
—   *nitelina*, Duclos, Mon. Ol., pl. 5 , fig. 1-2.
—   —   — (d. Ch.), Ill. conch., pl. 5 , fig. 1-2
L'*Agaron*, Adanson.
Oliva agaronia, Duclos (d. Ch.), Ill. conch., p. 9.
Ancilla maculata, Schumacher.
Hiatula Lamarckii, Swainson.

Hab. : Le Sénégal, l'embouchure de la Gambie,
une grande partie des côtes occidentales de l'Afrique.

Nous avons expliqué, au sujet de l'espèce précédente, les erreurs de Duclos relativement à *Ol. hiatula*. Son *Ol. nitelina* est une coquille jeune, roulée,
et qui , ayant séjourné longtemps dans la vase, a subi
un commencement d'altération.

Comme on le voit par la synonymie que nous donnons, les corrections du texte de Duclos n'ont point
été opérées sur les planches des *Ill. conch*.

63. — OL. STEERIÆ. Reeve.

Oliva Steeriæ, Reeve, Conch. icon., pl. 18, fig. 57.
—   *hiatula* (part.), Duclos, Monn. Ol., pl. 4 , fig. 19-20.
—   —   —   — (d. Ch.), Ill. conch., pl. 4 , fig.
19-20.
—   *testacea*, Duclos (d. Ch.), Ill. conch., pl. 5 , fig. 19-20.

Hab. : Californie (Duclos). — Basse Californie,
Mazatlan (Ed. Verreaux). — Embouchure de la
Gambie , Afrique occidentale (Reeve).

Pour la géographie de cette espèce, nous croyons erronées les indications de M. Reeve.

Ol. Steeriæ est facile à reconnaître : elle est plus courte proportionnellement que *hiatula* et *testacea*; son dernier tour est plus enflé et plus développé; elle est habituellement blanchâtre avec l'intérieur d'un beau violet; le type est admirablement figuré par M. Reeve, et Duclos en fait connaître quelques curieuses variétés. — Les jeunes présentent le plus souvent une couleur brune plus ou moins intense.

64. — OL. INDUSICA, Reeve.

Oliva Indusica, Reeve, Conch. icon., pl. 19, fig. 43, a. b.

HAB. : L'embouchure de l'Indus (Reeve).

Nous avons trouvé dans la collection Duclos, confondus avec *Ol. hiatula*, trois individus de cette nouvelle espèce de M. Reeve. Trois individus, c'est peu, dans le genre *Oliva*, et nous ne nous prononcerons pas définitivement. Nous pensons néanmoins que *Ol. Indusica* n'est qu'une variété d'*Ol. testacea*, avec laquelle elle doit s'unir par de nombreux intermédiaires. C'est de notre part une simple supposition, mais cette supposition est assise sur l'analogie des formes.

65. — OL. AURICULARIA. Lamarck.

Oliva auricularia, Lam., Ann. Mus., t. XVI, p. 325.

Oliva auricularia, Duclos, Mon. Ol., pl. 29, fig. 4-7; pl. 55,
fig. 1-2.
—   —   — (d. Ch.), Ill. conch., pl. 51, fig. 4-7,
11-12; pl. 55, fig. 1-2.
—   —   Reeve, Conch. icon., pl. 18, fig. 58, a. b.
— *aquatilis*, —   —   —   fig. 59.
— *patula*, Sowerby.

Hab. : Rio-Janeiro (Bonneau). — Fort-Julien,
en Patagonie, jusqu'au 50° (Duclos). — Brésil
(Reeve, Jay, etc.).

Cette espèce ne peut être confondue avec aucune
autre, quand on l'étudie avec les dessins de Duclos
ou de M. Reeve. — *Ol. aquatilis* de ce dernier naturaliste n'est pour nous ni une *variété* ni une *varia-
tion* d'*Ol. auricularia* ; c'est l'état jeune de ce mol-
lusque. La coquille a d'abord des plis petits et nombreux à la columelle, puis, peu à peu, ces plis
s'oblitèrent et disparaissent sous les dépôts calleux.
Nous avons une suite d'individus qui nous paraissent
établir cela avec une parfaite évidence. — Nous pensons que M. Reeve commet une autre erreur en don-
nant l'*Ol. claneophila*, Duclos, comme synonyme de
cette espèce.

66. — OL. CLANEOPHILA. Duclos.

Oliva claneophila, Duclos, Mon. Ol., pl. 29, fig. 8-9.
—   —   — (d. Ch.), Ill. conch., pl. 51, fig. 8-9

Hab. : Fossile du Chili (Gay, d'après Duclos).
Si nous avons fait figurer cette espèce sur notre ca-

talogue, c'est que nous conservons quelques doutes au sujet de sa provenance. Cette coquille est-elle bien réellement fossile? Pour nous, nous la croyons vivante. - - M. Reeve la donne comme synonyme d'*Ol. auricularia*, mais nous pensons que c'est à tort. Il suffit, en effet, de regarder l'ensemble de la coquille, et surtout la disposition de la spire, pour être convaincu qu'elle en est bien distincte.

67. — OL. DESHAYESIANA.

Oliva Deshayesiana, Nob., Atl., pl. 5, fig. 67, a. b.

Hab. : La Californie (Duclos).

« Coquille ovale-conique, enflée, épaisse; spire
» courte, oblique, empâtée sous un épais callus;
» sillon du dernier tour seul libre; bord droit si-
» nueux, épaissi et réfléchi à son insertion; colu-
» melle blanche, torse, concave, très-fortement
» calleuse, médiocrement plissée; pli antérieur pro-
» fond; callus très-développé vis-à-vis l'insertion du
» bord droit; — fauve, marquée de lignes brunes,
» flexueuses, indiquant les stries d'accroissement, et
» de petites macules brunes peu visibles; intérieur
» blanc-jaunâtre ou livide. »

Rapports et différences.

Cette coquille est intermédiaire entre *Ol. Brasiliensis* et *auricularia*. Elle a de la première la cou-

leur, les rayures d'accroissement, la forme générale
un peu conique, mais elle en diffère par ses tours de
spire moins larges, plus obliques, par son enflure
presque médiane, par sa columelle qui est presque
celle d'*Ol. auricularia*. Elle diffère de cette dernière
par sa forme générale, et surtout par la partie antérieure qui est atténuée et non élargie et dilatée,
enfin par le callus de la columelle qui la rapproche
d'*Ol. Brasiliensis*.

Nous dédions cette nouvelle espèce, qui est facile à
reconnaître, au savant conchyliologiste M. Deshayes.

68. — OL. VOLUTELLA, Lamarck.

Oliva volutella, Lam., Hist. An. s. v. (édit. Desh.), t. X, p. 623.
—   —   Duclos, Mon. Ol., pl. 6, fig. 7-14.
—   —   —   (d. Ch.), Ill. conch., pl. 7, fig. 7-14 et
     21-24.
—   —   Reeve, Conch. icon., pl. 21, fig. 54, a. b. c.
— *rasamola*, Duclos, Mon. Ol., pl. 6, fig. 5-6.
—   —   —   (d. Ch.), Ill. conch., pl. 7, fig. 5-6.
— *cærulea*, Wood.

Hab. : Mexique, Californie, Panama (Duclos,
Jay, Reeve, Verreaux, etc).

Tout le monde connaît cette charmante petite coquille. — *Ol. rasamola*, Duclos, en est une variété
roulée et décolorée.

69. — OL. PULCHELLA, Duclos.

Oliva pulchella, Duclos, Mon. Ol., pl. 5, fig. 11-12 (1856).

Oliva pulchella, Duclos, (d. Ch.), Ill. conch., pl. 6, fig. 11-12.
— *leucozonias*, Gray, Zool., Beechey's voyage, p. 150, pl. 56.
fig. 24 (1839).
— — Reeve, Conch. icon., pl. 24, fig. 67, a. b.

Hab. : Rade de Gorée (Duclos). — Sénégal (Reeve).

Cette coquille est extrêmement facile à reconnaître, elle a le port d'un petit buccin, et les figures
de Duclos, quoique médiocres, auraient dû empêcher
toute confusion. M. Reeve s'est pourtant mépris et a
attribué à *Ol. pulchella* une espèce bien distincte et
beaucoup plus petite.

70. — OL. JASPIDEA, Deshayes.

Voluta jaspidea, Gmelin, Syst. Nat., p. 3442.
Oliva conoidalis, Lam., Ann. Mus., t. XVI, p. 525.
— — Duclos, Mon. Ol., pl. 2, fig. 17-18.
— — — (d. Ch.), Ill. conch., pl. 2, fig. 17-18.
— *mygdonia*, — — — pl. 6, fig. 23-24.
— *jaspidea*, Desh. (d. Lam.), Hist. an. s. v. t. X, p. 631.
(note).
— — Reeve, Conch. icon., pl. 22, fig. 88, a. b. c.

Hab. : Sénégal (Duclos). — Indes occidentales
(Jay, Verreaux). — Indes occidentales, mer Rouge
(Reeve).

Nous croyons erroné l'habitat indiqué par Duclos.

Ol. mygdonia, Duclos, est une coquille roulée,
décolorée, fruste, et médiocrement figurée. Elle
n'offre d'ailleurs rien de particulier.

71. — OL. UNDATELLA, Lamarck.

Oliva undatella, Lam., Ann. Mus., t. XVI, p. 526.
— — Duclos, Mon. Ol., pl. 5, fig. 5-10.
— — — (d. Ch.), Ill. conch., pl. 6, fig. 5-10.
— — Reeve, Conch. icon., pl. 25, fig. 75, a. b.
c. d. e.
— *nedulina*, Duclos, Mon. Ol., pl. 5, fig. 13-14.
— — — (d. Ch.), Ill. conch., pl. 6, fig. 13-14.

Hab. : Côtes d'Acapulco, Mexique (Duclos). — Baie de Panama (Cuming). — Duclos indique pour son *Ol. nedulina* l'Océan pacifique.

Jolie espèce, très-variée et passant du blanc au noir par tous les intermédiaires possibles.

Ol. nedulina, Duclos, est une variété petite, épaisse, mais qui présente tous les caractères spécifiques du type.

M. Reeve donne comme synonyme de cette espèce *Ol. ozodona*, Duclos. Ni le dessin, ni la coquille n'autorisent un tel rapprochement. Ces deux formes n'ont aucun rapport entre elles.

72. — OL. LINEOLATA. Gray.

Oliva lineolata, Gray, Wood's, Index Testaceologicus, suppl., pl. 3, fig. 37 (1828).
— — Reeve, Conch. icon., pl. 25, fig. 65, a. b.
— *purpurata*, Swainson, Zool. illust., 2me sér., pl. 2, fig. 1 (1852-53, d'après Jay).
— *dama*, Duclos, Mon. Ol., pl. 3, fig. 5-6.
— — — (d. Ch.), Ill. conch., pl. 3, fig. 5-6.

Hab. : Indes orientales (Duclos). — Californie (Reeve). — Mazatlan (Ed. Verreaux).

Nous croyons erronée l'indication d'habitat donnée par Duclos.

73. — OL. NIVEA, Deshayes.

Voluta nivea, Gmelin, Syst. Nat., p. 3442.
Oliva eburnea, Lam., Ann. Mus., t. XVI, p. 526.
—   —   Duclos, Mon. Ol., pl. 1, fig. 15-16.
—   *nivea*, Deshayes (d. Lam.), loc. cit., t. X, p. 630 (note).
—   —   Duclos (d. Ch.), Ill. conch., pl. 1, fig. 15-16.
—   —   Reeve, Conch. icon., pl. 23, fig. 64, a. b.
—   *oryza*, Lam. (Var. junior).

Hab. : Antilles et Grandes Indes (Duclos). — Spain, Bahia, Indes occidentales (Jay).

Nous pensons que Duclos a eu raison, dans les *Ill. conch.*, de rapporter à l'espèce qui nous occupe *Ol. oryza* de Lamarck, à titre de jeune âge. La coquille appelée *oryza* par Duclos dans sa première édition, ainsi que par M. Reeve dans *Conch. icon.*, ne se rapporte pas à la description de Lamarck. Elle a été décrite sous le nom de *floralia* par Duclos dans les *Ill. conch.*

74. — OL. GRACILIS, Broderip et Sowerby.

Oliva gracilis, Brod. An. Sow., Zool. journal, vol. IV, p. 379.
—   —   Duclos, Mon. Ol., pl. 1, fig. 17-18.
—   —   — (d. Ch.), Ill. conch., pl. 1, fig. 17-18.
—   —   Reeve, Conch. icon., pl. 20, fig. 46.

Hᴀʙ. : Xipixapi , Colombie occidentale (Cuming).

Cette espèce est facile à distinguer de toutes ses congénères ; elle a la forme générale de certaines *mé-lanies*.

75. — OL. SELASIA , Duclos.

Oliva selasia , Duclos , Mon. Ol., pl. 2, fig. 19-20.
  —   —   —   (d. Ch.), Ill. conch., pl. 2, fig. 19-20.

Hᴀʙ. : Acapulco , Mexique (Duclos).

Remarquable coquille dont nous ne connaissons que l'échantillon de Duclos. Il est bien figuré, quoique un peu grandi, et suffit à faire reconnaître l'espèce.

76. — OL. MANDARINA , Duclos.

Oliva Mandarina , Duclos , Mon. Ol., pl. 1, fig. 19-20.
  —   —   —   (d. Ch.), Ill. conch., pl. 1, fig. 19-20.
  — *Tunquina* ,   —   Mon. Ol., pl. 6, fig. 1-2.
  —   —   —   (d. Ch.), Ill. conch., pl. 7, fig. 1-2.

Hᴀʙ. : La Chine (Duclos).

Cette coquille , voisine de la suivante , en diffère cependant par quelques caractères assez bien figurés dans les dessins de Duclos. Nous ne la connaissons que dans la collection de M. Lecoq. — *Ol. Tunquina* en est une variété jeune , mais qui n'en diffère par aucun caractère essentiel.

77. — OL. TERGINA , Duclos.

Oliva tergina , Duclos , Mon. Ol., pl. 2, fig. 15-16.

Oliva tergina, Duclos, (d. Ch.), Ill. conch., pl. 2, fig. 15-16.
—   —   Reeve, Conch. icon., pl. 26, fig. 80, a. b. c.

HAB. : Panama (Duclos). — Conchagua, Amérique centrale (Cuming). — Panama et Mazatlan (Ed. Verreaux).

Cette coquille a une forme et un facies bien distincts de la plupart de ces congénères, et ne peut guère être confondue qu'avec *Ol. Mandarina* (Duel.). Elle a des variétés nombreuses de couleur et de taille, et ne se trouve habituellement dans les collections que roulée et décolorée.

Nous devons une belle suite d'individus à la libéralité de M. Edouard Verreaux.

78. — OL. ZENOPIRA, Duclos.

Oliva zenopira, Duclos, Mon. Ol., pl. 5, fig. 11-12.
—   —   — (d. Ch.), Ill. conch., pl. 5, fig. 11-12.
—   —   Reeve, Conch. icon., pl. 24, fig. 69, a. b. c. d.

HAB. : Afrique (Duclos). — Madagascar (Reeve).

Cette espèce présente dans le jeune âge un facies bien différent de celui qu'elle a dans l'état adulte, et peut alors être facilement confondue avec d'autres espèces, telles que *Ol. millepunctata*, Duclos ; *Nana*, Lam., etc. Elle est rare dans les collections et surtout dans un état complet de développement. C'est dans cet état que l'a figurée Duclos ; M. Reeve l'a représentée jeune et adulte.

79. — OL. NANA. Lamarck.

Oliva nana, Lam., Ann. Mus., t. XVI, p. 526.
— — Duclos, Mon. Ol., pl. 25, fig. 5-8.
— — — (d. Ch.), Ill. conch., pl. 27, fig. 5-8.
— — Reeve, Conch. iconn., pl. 25, fig. 66.
— *millepunctata* (part.), Duclos, Mon. Ol., pl. 25, fig. 4.
— — — — (d. Ch.), Ill. conch., pl. 27,
fig. 4.

Hab. : Océan américain (Lam.) Indes occidentales (Reeve).

Cette coquille est remarquable par sa forme biconique, et n'est réellement bien voisine que d'*Ol. millepunctata*, Duclos. Ce naturaliste, en effet, a attribué à *Ol. millepunctata* une coquille qui appartient
bien à *Ol. nana*.

80. — OL. MILLEPUNCTATA, Duclos.

Oliva millepunctata, Duclos, Mon. Ol., pl. 25, fig. 1, 2, 3
(non 4).
— — — (d. Ch.), Ill. conch., pl. 27, fig. 1,
2, 3 (non 4).
— — Reeve, Conch. icon., pl. 28, fig. 87,
a. b. c.

Hab. : Chine (Duclos). — Indes occidentales
(Reeve). — L'habitat indiqué par Duclos nous paraît
être erroné.

Cette coquille est rare dans les collections.

81. — OL. ESTHER, Duclos.

Oliva Esther, Duclos, Mon. Ol., pl. 5, fig. 7-8.
— — — (d. Ch.), Ill. conch., pl. 5, fig. 7-8.
— — Reeve, Conch. icon., pl. 25, fig. 65, a. b.
— *columba*, Duclos, Mon. Ol., pl. 5, fig. 5-4.
— — — (d. Ch.), Ill. conch., pl. 5, fig. 5-4.

Hab. : Océan pacifique *(Esther)*, Mariannes, *(Columba)*, (Duclos).

Oliva Esther est bien figurée dans Duclos ; les figures de M. Reeve représentent un individu qui n'a pas atteint son maximum de croissance.

Ol. columba est une variété grande et albine, semblable à de la porcelaine, mais présentant les mêmes caractères qu'*Esther*.

82. — OL. NITIDULA, Deshayes.

Voluta nitidula, Dilwyn, Cat. t. 1, p. 521, n° 45.
Oliva nitidula, Desh. (d. Lam.), (non Duclos), Hist. des an. s. v.,
p. 651 (note).
— *zig-zag*, Duclos, Mon. Ol., pl. 2, fig. 1-4.
— — — (d. Ch.), Ill. conch., pl. 2, fig. 1-4. et
21-24.
— *petiolita*, — (d. Ch.), Ill. conch., pl. 1, fig. 21-22.
— *mutica*, Reeve (non Say), Conch. icon., pl. 28, fig. 86,
a. b. c.

Hab. : Océan Américain, Mexique (Duclos). — Indes occidentales, midi de la Caroline, mer Rouge (Reeve).

M. Deshayes, après avoir rétabli le nom de cette espèce, p. 631, a eu le tort de l'imposer, p. 637, à une coquille fossile des environs de Paris. Ce nom devra en conséquence être changé pour cette dernière.

Ol. petiolita, Duclos, est une coquille petite, globuleuse, mais qui nous paraît avoir tous les caractères du type.

M. Reeve a attribué à tort le nom de *mutica* à l'espèce qui nous occupe. *Oliva mutica* est bien différente et très-facile à déterminer à l'aide de la description de M. Say.

83. — OL. BIPLICATA, Sowerby.

Oliva biplicata, Sow., Tanquerville Cat., App., p. 55.
—   —   Duclos, Mon. Ol., pl. 5, fig. 9-10.
—   —   — (d. Ch.), Ill. conch., pl. 5, fig. 9-10.
—   —   Reeve, Conch. icon., pl. 20, fig. 48.
— *nux*, Wood.
Olivancillaria auricularia, d'Orb.

Hab. : Nord de l'Amérique (Duclos). — Monterey, Californie (Hinds). — Montevideo, Patagonie (Jay).

Cette espèce se distingue aisément de toutes ses congénères par sa forme, sa taille, et surtout par la couleur violette de son ouverture. Tous ses caractères néanmoins (sauf la taille,) la rapprochent d'*Ol. mutica*, Say.

84. — OL. CONTORTUPLICATA, Reeve.

Oliva contortuplicata, Reeve, Conch. icon., pl. 20, fig. 51.

HAB. : Sénégal , Afrique occidentale.

Coquille rare dans les collections , ayant de nombreux rapports de forme avec *Ol. biplicata* , et intermédiaire entre celle-ci et *Ol. hiatula* , c'est-à-dire avec une coquille qui habite les mêmes parages , et une autre qui provient des côtes de l'Amérique. — *Ol. contortuplicata* se distingue aisément par sa coloration intérieure rouge-brun , et par sa columelle plissée et contournée qui lui a valu le nom qu'elle porte.

85. — OL. MUTICA , Say.

Oliva mutica , Say , Journ. of the Acad. nat. scienc., of Philadelphy, vol. 2, p. 228 (1821).
—   —   Duclos, Mon. Ol., pl. 2, fig. 5-8.
—   —   —   (d. Ch.), Ill. conch., pl. 2, fig. 5-8.
— *rufifasciata* , Reeve , Conch. icon., pl. 28, fig. 88,a. b.
— *fimbriata* , Reeve, Conch. icon., pl. 29, fig. 92, a. b. c. d.

HAB. : Rives méridionales des Etats-Unis (Say). — Mers d'Amérique (Duclos). — Sud de la Caroline (Jay). — Indes occidentales (Reeve).

Les erreurs de M. Reeve sont ici considérables. La description de M. Say ne peut laisser aucun doute sur la coquille à laquelle elle s'applique, et nos échantillons , d'ailleurs , ainsi que ceux que nous

avons examinés chez M. Deshayes, proviennent de
l'auteur lui-même. Au reste, *Ol. fimbriata* ne diffère
pas spécifiquement d'*Ol. rufifasciata*. Nous possédons toutes les variétés intermédiaires.

Cette espèce qui a des rapports de forme et de couleur avec *Ol. biplicata*, Sow., mais qui est infiniment plus petite, se distingue de ses congénères par
sa forme ovale enflée et par sa columelle qui n'est
pas plissée. Elle varie beaucoup : blanche, lilas, rou-
geâtre, entièrement brune, ou fasciée de diverses
manières.

86. — OL. VERREAUXII.

Oliva mutica, (part.), Reeve (non Say), Conch. icon., pl. 28, fig.
86, b. c.; pl. 29, fig. 93, a. b.
— *Verreauxii*, Nob., Atl., pl. 3, fig. 86, a. b.

Hab. : Marie-Galante, Antilles (Verreaux).

« Coquille petite, ovale-allongée, sub-biconique ;
» spire élevée ; tours convexes, calleux ; sillon très-
» développé ; — couleur blanc-jaunâtre, avec des
» lignes brunes flexueuses ; columelle blanchâtre,
» très-calleuse supérieurement, concave à son mi-
» lieu, très-légèrement plissée ; intérieur semblable
» à l'extérieur, dont on voit les lignes par transpa-
» rence. »

Rapports et différences.

Cette coquille a les plus grands rapports avec *Ol.*

nitidula, Desh. (*mutica*, Reeve, non Say), mais elle s'en distingue constamment par sa forme générale plus allongée, par sa spire conséquemment plus élevée, par ses tours plus convexes, par le callus columellaire qui est beaucoup plus développé postérieurement. — Nous avons une suite assez nombreuse d'individus, et ils présentent bien tous les mêmes caractères, ne passant jamais à l'*Ol. nitidula*, Desh. — Les dessins de M. Reeve ne sont pas pour cette espèce d'une très-grande exactitude.

Nous la dédions avec plaisir à M. Edouard Verreaux qui a bien voulu nous la donner.

87. — OL. ZONALIS, Lamarck.

Oliva zonalis, Lam., Ann. Mus., t. XVI, p. 527.
  —   — Duclos, Mon. Ol., pl. 1, fig. 3-4.
  —   —   — (d. Ch.), Ill. conch., pl. 1, fig. 3-4.
  —   — Reeve, Conch. icon., pl. 29, fig. 91, a. b.

HAB. : Mers du Mexique, Acapulco (Humboldt et Bompland ;) (id. Lamarck, Duclos, Reeve, Jay, etc.).

Tous les naturalistes sont d'accord au sujet de cette caractéristique petite espèce.

88. — OL. ALECTONA, Duclos.

Oliva Alectona, Duclos, Mon. Ol., pl. 4 bis, fig. 15-16.
  —   —   — (d. Ch.), Ill. conch., pl. 5, fig. 15-16.

Hab. : Inconnu.

Coquille distincte de toutes celles que nous connaissons, et qui peut être facilement reconnue à l'aide des figures données par Duclos.

89. — OL. COLUMELLARIS, Sowerby.

Oliva columellaris, Sow., Tanquerville Catalogue, app., p. 35.
—   —   Duclos, Mon. Ol., pl. 2, fig. 11-12.
—   —   — (d. Ch.), Ill. conch., pl. 2, fig. 11-12.
—   —   Reeve , Conch. Icon., pl. 23, fig. 62.

Hab. : La Colombie, le Pérou (Duclos). — Payta, Pérou (Cuming).

Espèce singulière, qui n'a de rapports qu'avec *Ol. semistriata*, Gray, et *attenuata* , Reeve, formes dont on la sépare d'ailleurs avec assez de facilité.

90. — OL. SEMISTRIATA, Gray.

Oliva semistriata, Gray, Zool. Beechey's voyage, p. 150, pl. 36, fig. 10.
—   —   Reeve, Conch. icon., pl. 23, fig. 61, a. b.

Hab. : Salango, Colombie occidentale (Cuming).

Cette espèce, dont le nom indique l'un des plus importants caractères, était confondue par Duclos avec l'espèce précédente, *Ol. columellaris*, sans doute à titre de jeune âge. Elle en diffère par sa couleur plus brune, par sa columelle moins calleuse, par des stries assez fortes et assez régulières qui occupent la partie postérieure du dernier tour.

91. — OL. ATTENUATA, Reeve.

Oliva attenuata, Reeve, Conch. icon., pl. 29, fig. 90, a. b.

Hab. : Inconnu.

Cette espèce, voisine de la précédente, *Ol. semistriata*, surtout de ses jeunes individus, en diffère par sa petite taille, par sa forme générale plus régulièrement elliptique, par la moindre dilatation de son bord droit et par ses deux fascies beaucoup plus espacées.

92. — OL. ANAZORA, Duclos.

Oliva anazora, Duclos, Mon. Ol., pl. 5, fig. 3-4.
—   —   —   (d. Ch.), Ill. conch., pl. 6, fig. 3-4.
—   —   Reeve, Conch. icon., pl. 25, fig. 74, a. b.

Hab. : Le Pérou (Duclos). — Xipixapi, Colombie occidentale (Cuming).

Coquille bien distincte de ses congénères et bien figurée dans Duclos et dans M. Reeve.

93. — OL. GUILDINGII, Reeve.

Oliva Guildingii, Reeve, Conch. icon., pl. 28, fig. 89, a. b.

Hab. : Ile Saint-Vincent, Antilles (Reeve).
Nous ne connaissons cette espèce que par un seul

individu un peu roulé de la collection Duclos. Elle a des rapports avec *Ol. fulgida*, Reeve, mais s'en distingue par sa taille moindre, sa coloration plus intense, et la callosité columellaire.

94. — OL. PUELCHANA, d'Orbigny.

Oliva Puelchana, d'Orb., Voy. en Amér., Moll., p. 418, pl. 49, fig. 15-19.
— *Tchuelcha*, Duclos (non d'Orbigny), Mon. Ol., pl. 4 bis, fig. 7-14.
— *Puelchana*, — (d. Ch.), Ill. conch., pl. 5, fig. 7-14.
— *cyanea*, Reeve, Conch. icon., pl. 24, fig. 70, a. b. c.

Hab. : Baie de San-Blas, Patagonie (d'Orbigny). M. Reeve la cite avec doute de Carthagène, Amérique centrale.

M. d'Orbigny, qui le premier a fait connaître cette coquille, l'a assez répandue dans les collections pour qu'elle soit aujourd'hui généralement connue. Duclos a emprunté à ce naturaliste les figures de cette espèce ainsi que celles d'*Ol. Tchuelchana*. — L'*Ol. cyanea* de M. Reeve nous paraît absolument identique à *Ol. Puelchana*.

95. — OL. ZANOETA, Duclos.

Oliva zanoeta, Duclos, Mon. Ol., pl. 2, fig. 9-10.
— — — (d. Ch.), Ill. conch., pl. 2, fig. 9-10.
— — Reeve, Conch. icon., pl. 16, fig. 76, a. b.

Hab. : Le Japon (Duclos).

Ol. zanoeta, qui par sa forme se rapproche de plusieurs espèces telles que *Ol. fulgida*, Reeve, *Guildingii*, Reeve, etc., s'en distingue facilement par sa coloration. — Les deux larges bandes brunes dont elle est ornée, et que séparent des lignes blanches, lui donnent un facies tout particulier.

96. — OL. FULGIDA, Reeve.

Oliva fulgida, Reeve, Conch. icon., pl. 26, fig. 78, a. b.

Hab. : Indes occidentales (Reeve).

Bonne espèce très-bien figurée dans l'ouvrage de M. Reeve. C'est une des plus allongées du genre. Elle est ornée de deux fascies brunes, subinterrompues, une à la base, l'autre à peine séparée du sillon spiral, et toute la coquille est parsemée de petites taches grisâtres, pommelées ou linéaires.

97. — OL. TRITICEA, Duclos.

Oliva triticea, Duclos, Mon. Ol., pl. 1, fig. 5-6.
 — — — (d. Ch.), Ill. conch., pl. 1, fig. 5-6.
 — — Reeve, Conch. icon., pl. 27, fig. 82, a. b.

Hab. : Nouvelle-Guinée (Duclos).

Cette espèce a deux caractères distinctifs bien faciles à saisir. A part sa forme générale, qui est très-allongée, elle a une suture profonde qui la fait ressembler à certains petits *bulimus*, et elle est ornée de trois fascies interrompues, rougeâtres, dont les deux supérieures sont composées de taches linéaires flexueuses.

98. — OL. FLORALIA, Duclos.

Oliva oryza, Duclos (non Lam.), Mon. Ol., pl. 1, fig. 9-10.
—   —   —   — (d. Ch.), Ill. conch., pl. 1, fig. 9-10.
—   — Reeve,   —   Conch. icon., pl. 27, fig. 81, a. b.
— *floralia*, Duclos (d. Ch.), Ill. conch., pag. 6.

Hab. : Antilles (Duclos).

Nous avons vainement cherché, dans la description de l'*Ol. oryza* de Lamarck, quelques caractères qui puissent se rapporter à la coquille figurée sous ce nom par Duclos et M. Reeve, et, comme Duclos le dit dans son texte *(Illust. conch.*, p. 6), nous pensons que l'*oryza* de Lam. n'est autre chose que le jeune âge de l'*Ol. eburnea*, Desh.

Le changement exécuté par Duclos dans le texte ne l'a pas été dans les planches, et il peut résulter de cette négligence de nouvelles erreurs.

Cette espèce est allongée, ornée de lignes flexueuses rougeâtres ou grisâtres, et le sommet de sa spire (quelquefois la spire entière) est fortement teinté de rouge ou de brun ; sa columelle est calleuse. Nous le répétons, ces caractères si distinctifs ne sont pas indiqués par Lamarck.

99. — OL. MICA, Duclos.

Oliva mica, Duclos, Mon. Ol., pl. 1, fig. 11-12.
 — — — (d. Ch.), Ill. conch., pl. 1, fig. 11-12.

HAB. : Antilles (Duclos).

Pour cette espèce caractéristique et que nous possédons en très-grand nombre, nous ne pouvons que renvoyer aux figures de Duclos, qui suffisent pour la faire reconnaître. — Nous avons été étonné de ne pas la trouver dans la monographie de M. Reeve.

100. — OL. REEVEII.

Oliva pulchella, Reeve (non Duclos), Conch. icon., pl. 30, fig.
  98, a. b.
— *Reeveii*, Nob., Atl., pl. 3, fig. 100, a. b.

HAB. : Indes occidentales (Reeve).

La petite taille de cette coquille aurait dû la faire distinguer par M. Reeve d'*Ol. pulchella*, Duclos. Elle est allongée ; sa columelle fortement arquée, plissée, sinueuse.

Sa rectification opérée, la coquille qui nous occupe se trouvait sans nom, et nous lui avons imposé celui du savant conchyliologiste anglais.

101. — OL. ROSOLINA, Duclos.

Oliva rosolina, Duclos, Mon. Ol., pl. 1, fig. 1-2.
 — — — (d. Ch.) Ill. conch., pl. 1, fig. 1-2.
 — — — Reeve, Conch. icon., pl. 30, fig. 99.

Hᴀʙ. : Antilles (Duclos).

La forme de cette coquille, la finesse des lignes dont elle est ornée sur un fond blanc, et surtout la couleur rose de sa columelle la font facilement distinguer de ses congénères. — On la trouve souvent toute blanche en dessus, mais il est rare que la couleur rose de la columelle ne persiste pas.

102. — OL. MILIOLA. Duclos.

Oliva miliola, Duclos, (d. Ch.), Ill. conch., pl. 1, fig. 23-24.

Hᴀʙ. : Jamaïque, Cuba, Martinique (Duclos).

Coquille extrêmement petite, à spire excessivement courte, à columelle calleuse. Elle ne peut être confondue avec aucune de celles qu'on a publiées jusqu'à ce jour.

103. — OL. SOWERBYI.

Oliva Sowerbyi, nob., Atlas, pl. 3, fig. 103, a. b.

Hᴀʙ. : Marie-Galante (Verreaux).

« Coquille petite, ovale, à spire médiocre, à
» tours convexes, à sillon étroit; jaunâtre, trifasciée
» de brun; fascies supérieure et inférieure plus intenses, sub-interrompues, la médiane peu marquée,
» composée de lignéoles onduleuses qui s'unissent
» souvent avec la fascie inférieure; columelle blanche, calleuse supérieurement, finement plissée,

» légèrement contournée à la base ; intérieur lais-
» sant voir l'extérieur par transparence. »

Rapports et différences.

Cette espèce a les plus grands rapports de forme
avec *Ol. rosolina*, Duclos, mais elle en est constamment distincte par sa coloration générale, par
son bord droit moins dilaté, par ses tours de spire
plus convexes ; par sa columelle plissée et jamais rose
comme chez l'espèce à laquelle nous la comparons.
— Nous la devons à la générosité de M. Edouard
Verreaux, et la devions à M. Sowerby.

104. — OL. LEPTA, Duclos.

Oliva lepta, Duclos, Mon. Ol., pl. 1, fig. 7-8.
—   —   — (d. Ch.). Ill. conch., pl. 1, fig. 7-8.
— *pellucida*, Reeve, Conch. icon., pl. 27, fig. 85, a. b.

Hab. : Mariannes (Duclos). — D'après les étiquettes de sa collection elle proviendrait de la
Chine.

Nous sommes étonné que M. Reeve n'ait pas re-
connu dans son *Ol. pellucida*, *Ol. lepta,* de Duclos,
malgré la médiocrité des figures données par ce naturaliste. — Elle est distincte de ses congénères par sa
forme générale qui la fait ressembler à un petit buccin, par les lignes flexueuses dont elle est ornée et
par la demi-transparence de son test.

105. — OL. MONILIFERA, Reeve.

Oliva monilifera, Reeve, Conch. icon., pl. 27, fig. 84, a. b.

Hab. : Indes orientales d'après une étiquette de la collection Duclos.

Il est assez difficile de se figurer exactement l'aspect de cette coquille quand on regarde les dessins de M. Reeve, et pourtant la forme en est d'une remarquable exactitude. On la rencontre, en général, comme la plupart des petites espèces, décolorée et blanchâtre, et nous ne l'avons jamais vue de la couleur des figures données par M. Reeve, quoique nous ayons à notre disposition un grand nombre d'individus.

106. — OL. TEHUELCHANA, d'Orbigny.

Oliva tehuelchana, d'Orb., Voy. en Amér., Moll., p. 418, pl. 49, fig. 7-18.
— *puelcha*, Duclos (non d'Orb.), Mon. Ol., pl. 4 bis, fig. 1-6.
— *tehuelchana*, Duclos (d.Ch.), Ill. conch., pl. 5, fig. 1-6.
— *pura*, Reeve, Conch. icon., pl. 30, fig. 97, a. b.

Hab. : Baie de San-Blas, Patagonie (d'Orbigny).

Celle-ci est voisine d'*Ol. bullula* et *myriadina*, mais elle en diffère par sa columelle flexueuse et calleuse, et par sa forme générale plus allongée.

107. — OL. BULLULA. Reeve.

Oliva bullula, Reeve, Conch. icon., pl. 50, fig. 96, a. b.

Hab. : Antilles (Duclos).

Cette coquille avait été confondue par Duclos avec son *Ol. myriadina*. Elle s'en distingue par sa taille plus forte, par sa forme plus ventrue, par ses tours de spire moins étagés et par sa columelle sub-calleuse et saillante.

108. — OL. MYRIADINA, Duclos.

Oliva myriadina, Duclos, Mon. Ol., pl. 5, fig. 1-2.
  —   —   — (d. Ch.,) Ill. conch., pl. 6, fig. 1-2.
  —   — Reeve, Conch. icon., pl. 50, fig. 94.

Hab. : Antilles (Duclos). — Jamaïque (Jay).

Cette coquille, extrêmement petite et blanchâtre, se reconnaît à sa spire conique et étagée, à ses tours cylindracés, comprimés à leur centre, et qui présentent un renflement très-sensible et très-opaque le long du sillon spiral. Le reste de la coquille est semi-transparent.

Observations. — Les onze espèces suivantes ne figurent ni dans la collection de M. Lecoq, ni dans aucune de celles que nous avons visitées; elles nous sont absolument inconnues. Nous les adoptons sur la foi de M. Reeve et les plaçons alphabétiquement à la fin de notre catalogue.

109. — OL. ANCILLARIOIDES. Reeve.

Oliva ancillarioides, Reeve, Conch. icon., pl. 21, fig. 55, a. b.

HAB. : Kurrachee, embouchure de l'Indus (Reeve).

110. — OL. CINCTA, Reeve.

Oliva cincta, Reeve, Conch. icon., pl. 20, fig. 47, a. b.

HAB. : Inconnu.

111. — OL. DEALBATA, Reeve.

Oliva dealbata, Reeve, Conch. icon., pl. 25, fig. 71.

HAB. : Inconnu.

112. — OL. HIEROGLYFICA. Reeve.

Oliva hieroglyphica, Reeve, Conch. icon., pl. 24, fig. 68.

HAB. : Inconnu.

113. — OL. LANCEOLATA. Reeve.

Oliva lanceolata, Reeve, Conch. icon., pl. 30, fig. 95. a. b.

HAB. : Iles Philippines (Cuming).

114. — OL. LIGNEOLA. Reeve.

Oliva ligneola, Reeve, Conch. icon., pl. 21, fig. 57, a. b. c.

HAB. : Inconnu.

115. — OL. MODESTA, Reeve.

Oliva modesta, Reeve, Conch. icon., pl. 27, fig. 83, a. b.

HAB. : Inconnu.

116. — OL. MULTIPLICATA, Reeve.

Oliva multiplicata, Reeve, Conch. icon., pl. 20, fig. 52, a. b.

HAB. : Inconnu.

117. — OL. PICTA, Reeve.

Oliva picta, Reeve, Conch. icon., pl. 26, fig. 79.

HAB. : Iles Philippines (Cuming).

118. — OL. PYGMÆA, Reeve.

Oliva pygmæa, Reeve, Conch. icon., pl. 26, fig. 75.

HAB. : Inconnu.

119. — OL. STRIGATA, Reeve.

Oliva strigata, Reeve, Conch. icon., pl. 25, fig. 72, a. b.

HAB. : Indes occidentales (Reeve).

OBSERVATIONS. — Nous n'avons jamais pu nous faire une idée nette de ce que peut être l'*Ol. avellana* de Lamarck, mais nous pouvons nous prononcer sur celle de Duclos. D'abord, les figures qu'il en donne sont faites à l'aide d'espèces différentes, roulées, décolorées, défigurées, et quant aux individus nombreux de sa collection, c'était un assemblage bizarre de cinq à six espèces méconnaissables pour la plupart, tant les échantillons étaient en mauvais état.

Nous ne savons pas, non plus, à quelle espèce à nous connue on pourrait attribuer la description de l'*Ol. glandiformis* de Lamarck.

Il nous reste à dire quelques mots de deux velins de Duclos, actuellement au Museum, et dont les figures n'ont pas été publiées. M. Desnoyers a bien voulu les numéroter et les étiqueter sous notre dictée, et nous tenons à publier ces renseignements, comme tout ce qu peut être utile à la science.

PLANCHE A. — N° 1. Deux figures, *Oliva timesia*, Duclos, inédite. Elle rentre pour nous dans *Ol. neostina*, Duclos.

N° 2. Deux fig., *Ol. Lecoquiana*, Nob., figures mauvaises, méconnaissables.

N° 3. Deux fig., *Ol. mazaris*, Duclos, même observation.

N° 4. Deux fig., *Ol. erythrostoma*, Lam.

N° 5. Deux fig., *Ol. venulata*, Duclos, var. jaune. Elle rentre dans *Ol. reticularis*, Lam.

N° 6. Deux fig., *Ol. Caroliniana*, Duclos, var. pâle.

Planche B. — Nᵒˢ 1, 2, 3. *Ol. Timoria*, Duclos, synonyme de *Ol. reticularis*, Lam.

Nᵒˢ 4-5. *Ol. Atalina*, Duclos.

Nᵒˢ 6-7. *Ol. tigridella*, Duclos, variété.

Nᵒˢ 8-9. *Ol. inflata*, Lam. (junior).

Nᵒˢ 10-11. *Ol. tigrina*, Lam., var. noire.

ERRATUM. — *Page* 10, *note* (1), *au lieu de :* MM. Swainson et Schumacher, *lisez :* MM. d'Orbigny, Swainson et Schumacher.

Espèce 9, ajoutez à la synonymie de l'Ol. ELEGANS, Lam. : *Oliva galeata*, Duclos, Mon. Ol., pl. 28, fig. 4-6.

—   —   —   (d. Ch.), Ill. conch., pl. 50, fig. 4-6.

TABLE ALPHABÉTIQUE

ET SYNONYMIQUE.

OLIVA

acuminata , *Lam.*		59
acuminata (part.), Duclos	nebulosa, *Lam.*	57
acuminata (part.), Duclos	subulata, *Lam.*	60
acuminata (part.), Duclos	Barthelemyi, *D. St-Germ.*	58
agaron (l'), Adanson	hiatula, *Lam.*	62
agaronia, Duclos	hiatula, *Lam.*	62
Aldinia, Duclos	reticularis, *Lam.*	28
Alectona, *Duclos*		88
anazora, *Duclos*		92
ancillarioides, *Reeve*		109
angulata, *Lam.*		25
aniomina, Duclos	flammulata, *Lam.*	57
aquatilis, Reeve	auricularia, *Lam.*	65
araneosa, Lam.	reticularis , *Lam.*	28
Atalina, *Duclos*		8
Athenia , *Duclos*		49
Athenia (part.), Duclos	lepida, *Duclos*	48
attenuata, *Reeve*		91
auricularia , *Lam.*		65
auricularia (olivancillaria), d'Orb.	biplicata, *sowerby*	65
australis, *Duclos*		40
avellana , Lam.?	...?.........?... *page* 110	
azemula (part.), Duclos	ponderosa, *Duclos*	2
azemula (part.), Duclos	erythrostoma, *Lam.*	5

Barthelemyi, *D. St-Germ*......	....	58
bicincta, Lam...............	inflata, *Lam*...........	23
bicingulata, Lam...........	inflata, *Lam*...........	23
biplicata, *sowerby*...........	....	83
Brasiliana, Lam.	Brasiliensis, *Chemn*.....	55
Brasiliensis, *Chemn*.........	....	55
Broderipii, *D. St-Germ*.......	....	59
bulbiformis, *Duclos*..........	....	21
bullula , *Reeve*..............	....	107
cœrulea, Wood.............	volutella, *Lam*.........	68
caldania, Duclos...........	reticularis, *Lam*........	28
Calosoma, *Duclos*	....	45
candida, Lam..............	reticularis, *Lam*.......	28
carneola, *Lam*.............	....	51
carneola (part.), Reeve.......	lepida, *Duclos*.........	48
Caroliniana, *Duclos*.........	....	52
cincta, *Reeve*..............	....	110
cingulata, Chemn	gibbosa, *Desh*.........	56
Claneophila, *Duclos*.........	....	66
columba, Duclos	Esther, *Duclos*.........	81
Columellaris, *Sow*...........	....	89
conoïdalis, Lam............	jaspidea, *Desh*.........	70
Contortuplicata, *Reeve*.......	....	84
cruenta (voluta), Dilwin......	guttata, *Lam*.	53
cruenta, Reeve.............	guttata, *Lam*.	53
Cumingii, Reeve...........	reticularis, *Lam*.	28
cyanea , Reeve.............	Puelchana, d'*Orb*.......	94
dactyliola, *Duclos*..........	....	16
dactyliola (part.), Duclos......	bulbiformis, *Duclos*.....	21
dama, Duclos...............	purpurata, *Swainson*....	72
dealbata , *Reeve*...........	....	111
Deshayesiana, *D. St-Germ*....	....	67
Duclosi, *Reeve*.............	....	55
Duclosiana, Jay	Duclosi, *Reeve*.........	55
eburnea, Lam	nivea, *Deshayes*	73
Egira, Duclos	stelleta, *Duclos*........	42

elegans , *Lam*............ 19
Emeliodina , Duclos.......... episcopalis , *Lam*....... 54
episcopalis , *Lam*............ 54
Eridona , Duclos............ flammulata , *Lam*........ 57
erythrostoma , *Lam*........... 3
erythrostoma (part.), Duclos... ponderosa , *Duclos*...... 2
erythrostoma (part.), Reeve..... magnifica , *D. St-Germ*... 4
Esiodina , Duclos............ Duclosi , *Reeve*......... 55
Esther , *Duclos*............ 81
Evania , Duclos. .... sanguinolenta , *Lam*..... 11
fabagina , Lam.............. inflata , *Lam*........... 23
Fabreii , *D. St-Germ*........ 18
fimbriata , Reeve............ mutica , *Say*........... 83
flammulata , *Lam*............ 57
flaveola , Duclos............. ispidula , *Lam*.......... 43
floralia , Duclos.............. 98
fulgida , *Reeve*.............. 96
fulminans , Lam .... maura , *Lam*........... 12
funebralis, *Lam*............. 15
fusiformis , Lam .... reticularis , *Lam*....... 28
galeola , Duclos............. irisans , *Lam*.......... 9
gibbosa (voluta) , Born........ gibbosa , *Desh*......... 56
gibbosa , *Desh*.............. 56
glandiformis , Lam........... ....?........?... *page* 111
gracilis , *Brod. et Sow*........ 74
granitella , Lam............. textilina , *Lam*......... 1
Guildingii , *Reeve*........... 93
guttata , *Lam*............... 53
harpularia , Lam............ reticularis , *Lam*........ 28
Hemiltona , Duclos........... bulbiformis , *Duclos*..... 21
hepatica , Lam.............. tremulina , *Lam*........ 6
hiatula (voluta) , Gmel........ hiatula , *Lam*.......... 62
hiatula , *Lam*............... 62
hiatula (part.), Duclos........ testacea , *Lam*......... 61
hiatula (part.), Duclos........ steeriæ , *Reeve*........ 63
hieroglyphica , *Reeve*........ 112

incrassata (voluta), Dilw...... angulata, Lam.......... 25
Indusica, Reeve............... 64
inflata, Lam................ 25
irisans, Lam................ 9
ispidula (voluta), Lin........ ispidula, Lam.......... 43
ispidula, Lam.............. 43
ispidula (part.), Duclos........ stelleta, Duclos......... 42
ispidula (part.), Reeve........ stelleta, Duclos......... 42
jaspidea (voluta), Gmel....... jaspidea, Desh......... 70
jaspidea, Desh.............. 70
jaspidea, Duclos............. Duclosi, Reeve......... 55
Jayana, D. St-Germ......... 44
Julietta, Duclos............. 27
Kaleontina, Duclos........... 58
lacertina? Freycinet?........ tricolor? Lam.......... 10
Lamarckii (hiatula), Sw...... hiatula, Lam.......... 62
lanceolata, Reeve........... 115
Lecoquiana, D. St-Germ...... 20
lentiginosa, Reeve.......... Duclosi, Reeve......... 55
lepida, Duclos.............. 48
lepta, Duclos.............. 104
leucophœa, Lam............ guttata, Lam.......... 53
leucostoma, Duclos.......... funebralis, Lam........ 15
leucozonias, Gray........... pulchella, Duclos....... 69
ligneola, Reeve............. 114
lineolata, Gray............. purpurata, Swanson..... 72
litterata, Lam. 50
lugubris, Lam.............. episcopalis, Lam........ 54
luteola, Lam............... acuminata, Lam........ 59
Macleaya, Duclos............ 13
maculata, Duclos........... guttata, Lam.......... 53
maculata (ancilla), schum..... hiatula, Lam.......... 62
magnifica, D. St-Germ........ 4
mandarina, Duclos........... 76
mantichora, Duclos.......... guttata, Lam.......... 55
Maria, D. St-Germ........... 26

mazaris, Duclos............ crysthrostoma , *Lam*..... 3
maura , *Lam*................. 12
maura (part.), Reeve........ funebralis, *Lam*........ 15
maura (part.), Reeve........ Macleaya, *Duclos*....... 13
Memnonia, Duclos.......... reticularis, *Lam*........ 28
mica, *Duclos*................ 99
miliola, *Duclos*............ 102
millepunctata, *Duclos*........ 80
millepunctata (part.), Duclos... nana , *Lam*........... 79
miriadina, Duclos.......... myriadina , *Duclos*...... 108
modesta, *Reeve*............. 115
monilifera , *Reeve*......... 105
multiplicata, *Reeve*........ 116
mustelina , *Lam*............ 52
mutica, *Say*................ 85
mutica (part.), Reeve........ nitidula, *Desh*........ 82
mutica (part.), Reeve........ Verreauxii, *D. St-Germ*.. 86
Mygdonia, Duclos.......... jaspidea, *Desh*........ 70
myriadina, *Duclos*...... 108
nana , *Lam*................. 79
Natalia, Duclos............ Duclosi, *Reeve*........ 55
nebulosa, *Lam*............. 57
Nedulina, Duclos........... undatella, *Lam*........ 71
neostina, *Duclos*........... 14
nitelina, Duclos........... hiatula, *Lam*.......... 62
nitidula (*voluta*), Dilwyn...... nitidula, *Desh*........ 82
nitidula, *Desh*............. 82
nitidula, Duclos............ ozodona, *Duclos*........ 56
nivea (*voluta*) , Gmel......... nivea, *Desh*........... 73
nivea, *Desh*................ 73
nobilis, *Reeve*............. 5
nux, Wood ?................ biplicata , *Sowerby*...... 85
obesina, Duclos............ reticularis, *Lam*........ 28
obtusaria, Lam.............. tremulina, *Lam*........ 6
Octavia, Duclos............ neostina, *Duclos*........ 14
Olorinella , Duclos.......... stelleta, *Duclos*........ 42

Olympiadina , *Duclos*........... 7
oniska, Duclos............... reticularis , *Lam* 28
oriola , Lam................ ispidula , *Lam*.......... 43
oriola , Duclos............. reticularis , *Lam*........ 28
oryza , Lam................ nivea , *Desh* 73
othonia , Duclos............ tigrina , *Lam* 22
ozodona , *Duclos*............ 56
panniculata , *Duclos*......... 41
patula , Sowerby........... auricularia , *Lam* 65
paxillus , Reeve............ ozodona , *Duclos* 56
pellucida , Reeve........... Lepta , *Duclos* 104
Peruviana , *Lam*............. 24
petiolita , Duclos .... nitidula , *Desh*........... 82
Philantha , Duclos........... irisans , *Lam*........... 9
pica , Lam................ textilina , *Lam* 1
picta , *Reeve* 117
Pindarina , Duclos........... reticularis, *Lam*........ 28
pinguis (voluta) , Dilwyn...... brasiliensis, *Chemn* 55
pintamella , Duclos.......... sanguinolenta, *Lam*..... 11
polpasta , *Duclos*........... 29
ponderosa , *Duclos*. 2
porphyreticus (cylinder) , d'Arg. porphyria , *Lam*........ 53
porphyria (voluta) , Lam...... porphyria , *Lam*. 53
porphyria , *Lam*............ 53
puelcha , *Duclos*........... Tehuelchana , *d'Orb*..... 106
puelchana , *d'Orb*........... 94
pulchella , *Duclos*........... 69
pulchella , Reeve........... Reeveï , *D. St-Germ*... 100
pura , Reeve .... Tehuelchana , *d'Orb*.... 106
purpurata , *Swainson*........ 72
pygmæa , *Reeve*............ 118
Quersoliana , Duclos.......... atalina , *Duclos*......... 8
rasamola , Duclos........... volutella, *Lam*.......... 68
Reeveii , *D. St-Germ*......... tigrina , *Lam* 100
reticularis , *Lam*............ 28
rosolina , *Duclos*........... 101

ruffasciata, Reeve	mutica, *Say*	85
rufula , *Duclos*		17
sanguinolenta, *Lam*		11
scripta, *Lam*		31
selasia , *Duclos*		75
semistriata, *Gray*		90
Senegalensis, Lam	Peruviana, *Lam*	24
sepulturalis, Lam	maura , *Lam*	12
Siamensis, Duclos	flammulata , *Lam*	37
Sidelia, *Duclos*		46
Sowerbyi, *D. St-Germ*		103
splendidula , *Sow*		54
stainforthii, Reeve	Duclosi, *Reeve*	55
stelleta, *Duclos*		42
steeriæ, *Reeve*		63
strigata , *Reeve*		119
subulata, *Lam*		60
subulata (part.), Duclos	nebulosa, *Lam*	57
subulata (part.), Duclos	acuminata , *Lam*	59
sylvia, Duclos..	erythrostoma, *Lam*	3
Tehuelcha, Duclos	Puelchana, *d'Orb*	94
Tehuelchana, *d'Orb*		106
Tergina, *Duclos*		77
tessellata, *Lam*		50
testacea , *Lam*		61
testacea (part.), Duclos	steeriæ, *Reeve*	63
textilina, *Lam*		1
tigridella , Duclos	stelleta, *Duclos*	42
tigrina, *Lam*		22
tigrina (*voluta*) , Schræter	tesselleta, *Lam*	50
tigrinus (*cylindrus*), Meuschen..	tesselleta, *Lam*	50
Timoria, Duclos	reticularis, *Lam*	28
Tisiphona, Duclos	reticularis, *Lam*	28
Todosina, Duclos	lepida , *Duclos*	48
tremulina, *Lam*		6
tremulina (part.), Duclos	nobilis, *Reeve*	8

tremulina (Part.), Duclos......	olympiadina, *Duclos*.....	7
tremulina (part.), Duclos......	erythrostoma, *Lam*......	3
tricolor, *Lam*..............	....	10
tringa, Duclos............	tricolor, *Lam*..........	10
triticea, *Duclos*............	....	97
Tunquina, Duclos...........	mandarina, *Duclos*......	76
undata, Lam..............	inflata, *Lam*..........	23
undatella, Lam..............	....	71
ustulata, Lam.............	reticularis, *Lam*........	28
utriculus (*voluta*), Gm........	gibbosa, *Desh*..........	56
utriculus, Chemnitz..........	gibbosa, *Desh*..........	56
utriculus (*junior*), Duclos	nebulosa, *Lam*..........	57
Valentina, Duclos...........	dactyliola, *Duclos*......	16
venulata, Lam.............	reticularis, *Lam*........	28
Verreauxii, *D. St-Germ*.......	....	86
volutella, *Lam*.............	....	68
volvarioides, *Duclos*..........	....	47
Zanocta, *Duclos*............	....	95
Zeylanica, Lam.............	tremulina, *Lam*........	6
Zenopira, *Duclos*............	....	78
zig-zag, Duclos............	nitidula, *Desh*..........	82
zonalis, Lam..............	....	87

FIN.

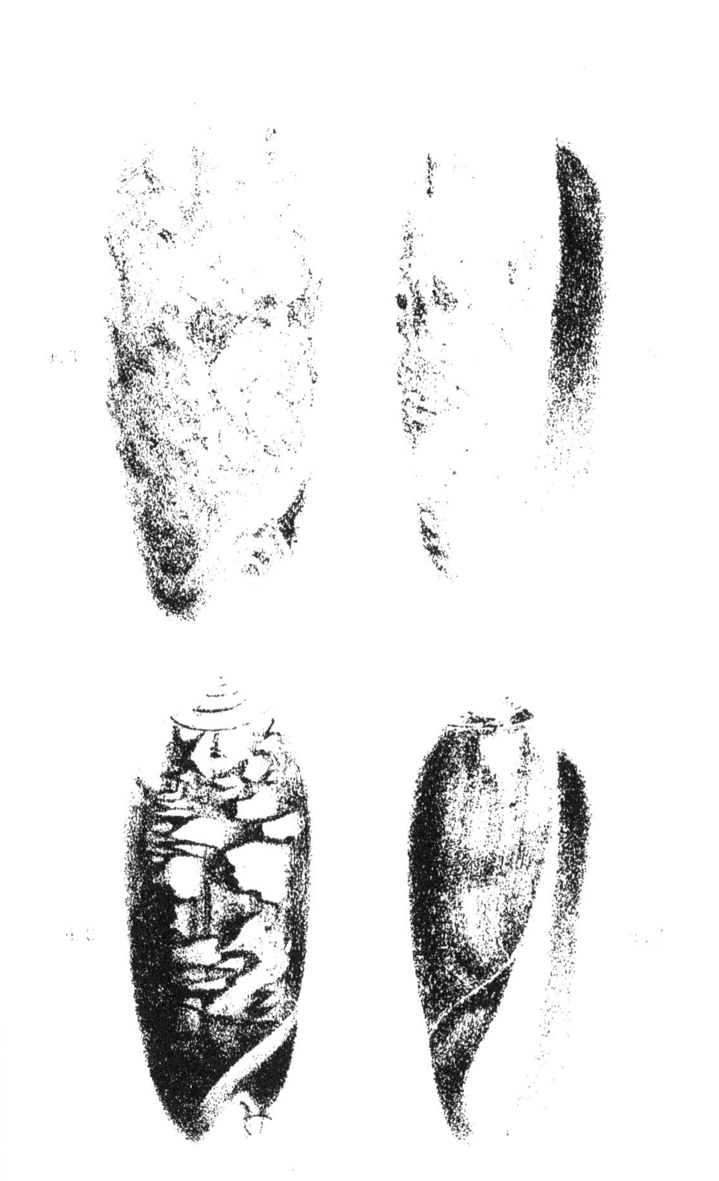

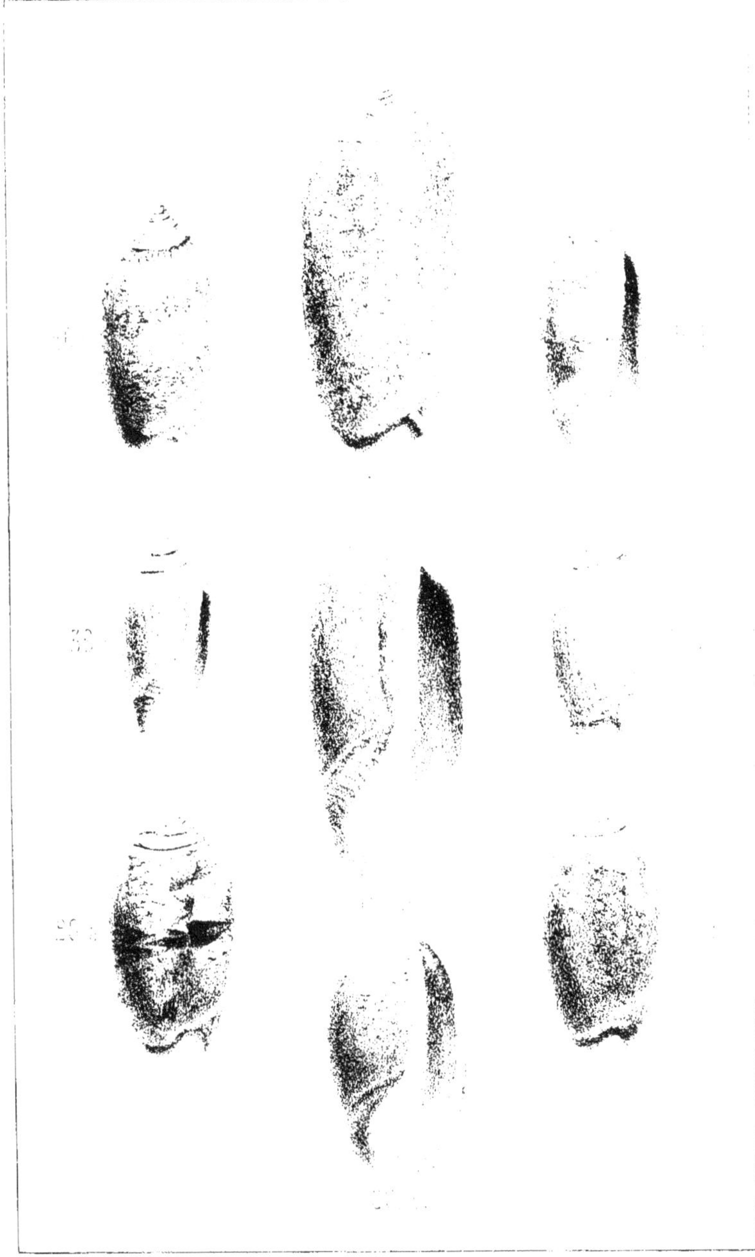

9 782329 418193